消防知识
及宣传策略创新研究

吴疆　朱江　林灵◎著

天津出版传媒集团
天津科学技术出版社

图书在版编目(CIP)数据

消防知识及宣传策略创新研究 / 吴疆, 朱江, 林灵著. -- 天津 : 天津科学技术出版社, 2023.6

ISBN 978-7-5742-1332-6

Ⅰ. ①消… Ⅱ. ①吴… ②朱… ③林… Ⅲ. ①消防－安全教育 Ⅳ. ①TU998.1

中国国家版本馆CIP数据核字(2023)第113352号

消防知识及宣传策略创新研究
XIAOFANG ZHISHI JI XUANCHUAN CELÜE CHUANGXIN YANJIU

责任编辑：曹　阳
责任印制：兰　毅

出　　版：天津出版传媒集团
　　　　　天津科学技术出版社
地　　址：天津市西康路35号
邮　　编：300051
电　　话：（022）23332377
网　　址：www.tjkjcbs.com.cn
发　　行：新华书店经销
印　　刷：河北万卷印刷有限公司

开本 710×1000　1/16　印张 19.75　字数 270 000
2023年6月第1版第1次印刷
定价：98.00元

前　言

消防安全是公共安全的重要组成部分，是促进经济发展、维护社会稳定的重要内容，事关国家和人民群众生命财产安全，事关改革、发展、稳定大局。消防宣传教育不仅是提高全民消防安全意识的有效途径，更是维护社会稳定、促进经济发展的基础和前提。做好消防宣传教育工作，对当前提高社会各阶层的消防安全意识，积极推动消防工作意义重大。

随着社会经济的发展，消防安全的作用越发凸显。强化社会消防安全宣传，全面提升人民群众消防安全意识，构建“全民消防”格局还任重道远。当前，各级消防部门应在现有的基础上，继续开辟新的消防宣传渠道，充分借助新闻媒体舆论优势，做足做大宣传文章，依托媒体平台，营造集广播、电视、报纸、网络全方位的宣传氛围，推进消防工作社会化进程。同时，优化拓展工作思路，在“新、准、快”上下功夫，即不断创新宣传手段、找准消防宣传切入点、最快速度传播最新消防动态。只有消防安全宣传工作做实了，各项消防工作才能稳定开展各项工作，人民群众才有明确的消防意识，“全民消防”理念才得以真正落实。

本书围绕消防工作知识和消防宣传这一话题，尝试从消防理论知识和融媒体角度出发，对燃烧、火灾、爆炸、消防法律知识、消防应急科普、消防安全培训和教育以及微博、微信、抖音等融媒体平台下消防领域的宣传策略进行深入研究和讨论，提出了新时代消防宣传工作的新视野、新方法，开拓了消防安全工作和宣传工作的新路径。

此次编写的《消防知识及宣传策略创新研究》，涵盖了消防基础工作和宣传工作的方方面面，为广大群众了解消防知识提供了针对性的理论指导，必将对提高消防工作水平、夯实消防宣传效能、确保城市火灾形势平稳受控发挥重要作用。

目 录

第一章　消防工作知识

第一节 “消防”的起源和发展

一、“消防”的起源

（一）“消防”一词引自日本

光绪二十八年（1902 年），直隶总督袁世凯在保定编练“北洋常备军”时，曾“查照西法，拟订章程，在保定城创设警务总局一所，分局五所，拟更添设警务学堂一所”[①]。在《警务学堂章程》中规定：“救火灾法，别有专门操作。各国名为消防队，所需水车、梯、钩等件，随后均须制办。”“消防”之名，第一次出现在我国的官方文件中。这一规定说明，袁世凯筹建的警务学堂中有消防警察这个专业，不仅有扑救火灾的专门操法，还准备制办消防车、梯、钩等消防设备。同年 8 月 15 日，袁世凯代表清政府接收了八国联军攻入天津后建立的“都统衙门”，并建立南段巡警总局，外国建立的救火会移交我国管理，改称南段巡警总局消防队。这是我国政府第一次建立并命名的第一个消防队。

同年冬，又设立“天津警务学堂”。光绪二十九年（1903 年），将保定警务学堂合并为“北洋警务学堂”。

消防警察对我国来说是一个全新的警种。对我国数千年的火政来说，则是进入了一个全新的发展阶段。开办之初，必然从教育培训开始，教师、教材从哪里来，既然是“查照西法”，只有从外国聘请专家了。《内政年鉴·警政篇》有如下记载：“警务学堂附设消防科，延日人为教习，挑选长警专司训练。”这是我国最早的消防专业培训学校。学员毕业后即

① 李采芹．中国消防文史丛谈 [M]．上海：上海科学技术出版社，2013：50.

组建北平消防队。由此可见，北京的警务学堂开设了消防专业，从日本聘请专家担任教师。以后保定警务学堂和在天津的北洋警务学堂也是这样做的。

我国于光绪三十三年（1907年）出版的第一部近代消防专著《消防警察》，是根据日本消防专家讲授的教材翻译过来的。

综上所述，“消防”一词是光绪二十八年（1902年），清政府仿效西法建立近代警察机构时从日本引进的。

“消防”一词系日本语，在江户时代开始出现这个词。亨保九年（清雍正二年，1724年），武州新仓郡《五人帐前书》有“如果发现火灾，发出喊声，村子中的消防就赶到”的记载。“消防”这个词是“射水作业”的“消火”与破拆、作业、防止蔓延的“防火”合二为一。按日本《广辞苑》的解释，“消防”一词有三层意思：消火与防火；消灭火灾，防止燃烧，救助生命；防止火灾发生和防御火灾之意。

而消防一词的普及和大众化是从明治时代初期开始的。明治五年（1872年），日本的警察与消防急需现代化，川路利良随其他官员去英、法、意等国考察警察与消防制度，尤其以当时欧洲最发达的法国警察与消防制度为中心，潜心进行了为期一年的考察、学习。回国后，于明治七年（清同治十三年，1874年）设置东京警视厅，川路成为大警视，制定了《消防章程》，从此构筑了日本近代消防的基础。

（二）“消防”一词的根在中国

“消防”一词虽说在我国浩如烟海的古籍中遍寻无着，是从日本引进的。但这两个字却又是从我国传到日本的。据日本史籍记载，应神天皇十五年（西晋太康五年，284年），王仁由北济来，献《论语》和《千字文》，可能是汉字传入日本之始。唐代，日本多次派大批遣唐史和留学生、学问僧来中国学习，这些留学生居住达二三十年，对中国文化濡染甚深。日本文字是从汉语脱胎而来。“消防”一词，不仅文字完全相同，而且字义也没有差别。

汉字是象形文字发展起来的。古汉字是古代人们社会生活实践的产物，大多形象地反映着形形色色的生产、生活等各种情景。望形生意，是汉字的一个显著特点，许多字从字形可以看出它所表现的本质。消防二字的形和意是什么呢？从消防二字的演变过程来看是比较清楚的。

消字由氵、小、月三部分组成。“氵”是水字作为偏旁的简化，甲骨文的四个点之中有一条曲线，表示弯弯曲曲的水流之形。“小”字表示细小的沙粒。“月”即肉字，是兽头形象的代表，用兽头的形状代表兽肉。后来楷书就变成了“肉”，把一小块肉放在水流中去冲洗，很容易被冲走而失去。因此“消”字就有了消失、消灭的含义。“消”字的甲骨文像一只割下来的牛耳朵竖立在那里，古人把牛耳朵割下来竖立于盘中，作为订盟的一种特殊形式。把血淋淋的牛耳朵拿到水流中去冲洗，不小心也会被冲走，改为消后，原来的一只牛耳朵就用一小块肉来代替了。

“防”由阜（阝）和方两部分组成。阜的甲骨文像岩边的石阶，甲骨文“方”最初本像人形，在人的颈部加一横，表示颈部有绳索等物束缚。用绳索敷着颈部的人，显然同战俘或后来的奴隶有关。当战俘来到石阶的岩边时，有时会利用石阶逃走。因此，方同阜结合在一起时，就有了要提防和防止战俘利用石阶逃走的意思。后来“防”字的运用，逐渐演变成具有防御等方面的含义。

据我国古老的字典汉朝许慎编著的《说文解字》和清朝的《康熙字典》的解释：消，尽也，灭也；防，堤也，防御也。消、防二字从我国传到日本后，日本人民在同火灾作斗争中，把它们组合起来，创造了“消防”一词。随着中日两国政治、经济、文化的交流，“消防”又回到了我国。1931 年出版的《词源》，在“消防”条下注释说：“救火之义，谓临事之扑灭，及未燃之防御也。”真是言简意明，十分贴切。

（三）关于“救火”

在我国古籍中，虽不见“消防”一词，但与之相近的“救火”一词却常见。救火一词早在春秋战国时代就已流行了。例如，《管子·立政篇》有“山泽不救于火，草木不植成，国之贫也”“山泽救于火，草木植成，国之富也”的记载。意思是说：山泽不能防止火灾，草木不能生长成熟，国家就会贫困。如能防止山泽火灾，草木生长旺盛，国家就会富裕。《韩非子·外储说》中记载：“救火者，吏操壶走火则一人之用也，操鞭使人，则役万夫。”意思是说：扑灭火灾，如指挥员只顾自己提水壶去浇水，那只是一个人的作用，有限得很，如果指挥更多的人去救火，那么力量就大了。

救火一词沿用到现在，少说也有 2 500 多年了，而且成了习惯性叫法，如果把它改成“消火”“灭火”，意思固然也对，但总不如“救火”那样朗朗上口。这就是发生火灾时人们总是自然而然地高呼“救火！救火！”的原因。

二、“消防”的发展

（一）古代消防

古语说：“水火无情”。不重视防火灭火，就会受到火的惩罚。我国历史上许多政治家、思想家、军事家以及科学家、文学家都对火灾和同火灾的斗争给予很大的重视。战国时期的管仲、荀况、韩非等，把同火灾做斗争当作富国安民的一项重要措施。汉代王充、宋代沈括、明代宋应星及清代毛奇龄等，也重视对火灾有关问题的研究，并做出了自己的贡献。唐代柳宗元和清代曹雪芹等对当时火灾情况十分关切，长篇小说《红楼梦》中曾对火灾作过生动的描述。中国古代一些具有政治远见、关心自己统治地位、祈求长治久安的帝王和官吏，把同火灾做斗争当作国家或地方行政管理的一项重要工作，列为军队和各级地方官府维护社会治安的一项重要任务。例如，康熙二十三年三月初一，北京正阳门外的居民区发生了一场大火。由于失火处与皇宫毗邻，很快惊动了紫禁城内的康熙皇帝。他多次派人前往查看，得知城管人员及巡捕爷均无一人前往营救。可是，救火刻不容缓。他立即派内务府大臣、侍卫等前往救火。但是由于火势甚猛，一时不能扑灭。于是康熙皇帝亲自出了天安门，登上正阳门城楼，手举小旗，亲自指挥内大臣和侍卫们救火。

第二天，康熙皇帝针对失火、灭火一事发出一道圣旨，把救火经过陈述一遍，然后对玩忽职守的官员和满汉大臣不去救火一事予以斥责。最后说："该城及司坊巡捕等官，是其该管之处，职分所在，平日不加谨提防，遇灾又不急救，殊为怠忽。左都御史科尔坤、兵部侍郎郭丕、阿兰泰，奏称臣等留视，俟火势熄灭方回。及朕还宫，使人看时，伊等亦已散去。城外系汉宫所居之地，遇此等事，亦应协力料理，乃置若罔闻，袖手不顾，则他事亦因循坐视可知。伊等皆国家人臣官员，凡事当视若一体，乃于身外一不关心，可乎？尔等可将此旨传谕吏、兵二部及都察院知之。"①

从法制方面来看，我国古代在同火灾的斗争中一贯重视以法治火。两朝法律规定："殷之法，弃灰于道者断其手。"②这是我国最早制定的一条消防法规，反映出奴隶社会法峻刑残。据《史记·李斯列传》记载，秦代"商鞅之法，刑弃灰于道者，夫弃灰薄罪也，而被刑，重罚也"。1975 年 12 月，我国考古工作者在湖北省云梦县睡虎地十二号秦墓发现了千余枚用秦隶书写的竹简（又称云梦秦简），其中数枚抄录了从商鞅变法到秦始皇执政时期有关同火灾做斗争的法令。例如，有一枚秦简记载："春二月、毋敢伐林木山林及雍（壅）堤水。不夏月，毋敢草为

① 春林，广建．清宫秘闻 [M]. 珠海：珠海出版社，1994：35.

② 许石林．清风明月旧襟怀 [M]. 厦门：鹭江出版社，2017：214.

灰……”[1]就是说，春季二月，不准到山林中砍伐林木，不准堵塞水道；不到夏季，不准烧草作为肥料。这同《礼记·二月》所述“二月，毋焚山林”是一致的。在古代保存下来的成文法中，较完备的是唐朝永徽二年（651年）颁布的唐律（又称永徽律），在其《杂律》篇中对于在山陵兆城、官府廨院、仓库等失火、“非时烧田野”、故意放火以及“诸见火起，应去不去，应救不救”等，均有明确的刑罚规定。公元七世纪我国就有这样内容相当完备的消防法规，这在消防史上是领先于许多其他国家的。元朝的刑法不仅包括对失火、放火的刑罚，而且对百姓防火和维持火场秩序等也有规定。据《元史·刑法志》记载：“诸城廓人民，邻甲相保，门置水瓮，积水常盈，家设火具，每物须备，大风时作，则传呼以徇于路。有司不时点视，凡救火之具不备者罪之……”明代洪武年间颁行的《大明律》对唐律删繁就简，但补充了看守人员趁火侵吞财物者以监守自盗论罪，对放火犯必须查获证据等内容。清代初年颁行的《大清律》以《大明律》为蓝本，其中有关同火灾做斗争的条款内容也与明律基本相同。鉴于许多火灾是由于地方官府放松火禁所造成的，为了严明法纪，减少火灾危害，康熙皇帝一再下达谕令，对各级官吏在该管辖区内发生火灾而造成重大损失者，明确规定了罚俸（款）、降级、调用等行政处罚办法。

从组织方面来看，我国很早以前就设置了“火官”。原始社会五帝时的“重黎为帝喾高辛居火正，甚有功，能光融天下，帝喾命曰祝融”[2]。周朝设有“司爟”“司烜”等火官，“司烜，掌行火之政令”；司爟于“仲春，以木铎修火禁于国中”。汉朝设“执金吾”，以“掌宫外戒司非常水火之事”。北宋时在京城和其他一些城市设置“望火楼”，建立了“防隅军”或“潜火队”等专司救火的军队。据《东京梦华录》记载，宋朝

①陈文贵，吴建勋，朱吕通．中国消防全书：第1卷[M].长春：吉林人民出版社，1994：4.
②马昌仪．中国神话学百年文论选上[M].西安：陕西师范大学出版总社有限公司，2018：905.

汴京（今开封）“每坊巷三百步许，有军巡铺屋一所，铺兵五人、夜间巡警及领公事。又于高处砖砌望火楼、楼上有人卓（了）望，下有官屋数间，屯驻军兵百余人，及有救火家事，谓如大小桶、洒子、麻搭、斧、锯、梯子、火杈、大索、铁猫儿（即铁锚）之类。每遇有遗（失）火去处，则有马军奔报军厢主，马步军殿前三衙、开封府，各领军汲水扑灭，不劳百姓”。军巡铺的士兵担负防火、防盗等任务，而望火楼下屯驻的部队配备灭火工具，专门负责扑救火灾。北宋（960—1126 年）汴京城内望火楼下屯驻的救火官兵和南宋（1127—1279 年）临安（今杭州）等地建立的“潜火队”，可以说是世界上较早建立的官办专职消防队。明、清时代也在一些城市组织了救火兵役担负火灾扑救任务。清朝从康熙年间起就在北京紫禁城内组建了“火班”，由一批官兵轮流值宿，担负皇宫内的救火任务。我国民间消防组织救火会（又称水会、水局、水社、水龙局等），最早出现于南宋，绍兴二十八年（1158 年）福建南平郡首创的“水铺”“冷铺”。是世界上较早出现的民间消防组织。救火会在清代有了较大发展，在不少城镇扑救火灾中发挥了重要作用。清康熙初年（公元与 662 年），天津创建救火会。救火会又称“水会”“水局”“水龙局”“救火社”等。它是一种民办或商办的业余消防组织主要担负救火任务。由于当时天津城“邑多火灾。康熙初，贡生武廷豫创立同善救火会”[①]。火会设有会首，会首一般由当地商界的头面人物担任。会勇大多是由店铺买卖中的青壮年伙计充任。救火会购置号衣、救火器具等费用，大多是由城内绅商铺户捐资。平日，救火会的会勇各操已业，发生火灾后，闻警立刻奔赴火场施救。会勇没有固定收入，系义务救火，有时在救火之后，可分到一些赏金。在各地救火兵丁缺乏、消防警察尚未建立时，救火会基本上担负起当地的火灾扑救任务。清代至民国期间，一些地方建立消防警察队之后，救火会仍是一支很重要的民间救火力量。

在防火方面，我国自古以来就有“防患于未然”的传统。严格火禁，

---

① 宋辉．中国消防辞典 [M]. 沈阳：辽宁人民出版社，1992：627.

“小心火烛”是历代防火宣传的重要内容。建于明嘉靖四十年至四十五年的浙江宁波“天一阁”藏书楼，始终不渝地坚持烟火不入楼的防火制度。为了防止火患，唐代广州等地开始推行以砖瓦房代替茅屋和展宽街道、疏通里巷，以防延烧等建筑防火措施。五代十国时期，后周定都汴州（今开封）世宗柴荣把该城“居常有火烛之忧”当作城市建设中的一个重要问题，连同官署、商店、民舍等房屋建筑和街道交通、环境卫生等市政问题统筹规划和综合治理，使汴州建设成为具有京城规模和严整规划的繁荣城市，为宋朝定都于此奠定了基础。正如司马光在《资治通鉴》中所说，柴荣“增修汴城之两诏，富于市政设计观念，极堪注重”。南宋时期鉴于杭州等地用竹、木、茅草等修建的房屋极为普遍，甚至“一家不谨（于火），而万家受祸”，有时大火使皇帝在“宫中恐惧，不寒而栗”，朝廷命令地方官府有计划地开辟火巷，并“累令撤席屋，作瓦房”。修建防火墙和火巷，是明、清时代各地在建筑防火中推行比较普遍的措施。为了防止起火后延烧，除了在房屋之间留出狭长形空地即火巷（又称防火道），还在各户之间或每隔一些房屋用砖砌造高出屋面的防火墙或防火山墙，其顶部往往还有优美的艺术造型。这些防火墙不仅是城镇防火的一项重要设施，而且是我国古代城镇面貌的一个特征。我国从汉代起，就在宫殿、庙宇等一些建筑物屋脊上设置鸥鱼状的装饰物“鸱吻”，以寓意其能降雨灭火，还在一些建筑物的顶棚上制作荷菱形状的彩画装饰“藻井”（又称“绮井”），其本来用意为“水物所以厌火也”。“鸱吻”和“藻井”寄托了人们防火的愿望，当然在建筑防火技术上并没有实际意义。明清时代修建的“无梁殿”则确实防火患，因为这种殿宇全部采用砖石结构，不采用木、竹等可燃构件和材料。作为明清皇家档案库的北京“皇史市”，其主殿是明嘉靖十三年（1534 年）建成的。保存至今的仿照汉代“石室金匮”制度的无梁殿有北京的皇史康、天坛中的斋富、颐和园的智慧海和南京的灵谷寺大殿、苏州的开元寺、山西五台山的显通寺等。我国古代防火技术除建筑外，其他方面也取得了重要成就。例如，著名科学家宋应星在明崇祯十年（1637年）撰写的《天工开物》一书中，不仅总结了当时我国科学技术发展的成果，而且重视生产安全问题、提出了挖煤中防止瓦斯中毒起火爆炸事故和制造黑色火药过程防止摩擦起火等技术安全措施。

在火灾扑救方面，我国古代逐步积累了丰富的经验。在近代消防技术装备出现以前，在灭火战术上已形成一套比较合理的对策和办法。“救火贵速”，是早已深入人心的一个灭火原则。据《左传》记载，春秋时代鲁襄公九年（公元前564年）春，宋国发生火灾，“使伯氏司里，火所未至，彻小屋，涂大屋；陈畚挶具绠缶，备水器；量轻重，蓄水潦，积土涂；巡丈城，缮守备，表火道。”可见当时人们不仅懂得事先准备瓮罐、畚箕一类器具用水和土来灭火，而且掌握了通过拆除小屋和给大屋涂泥的办法，以阻止火势蔓延。根据杭州等地屡次发生大火的情况，南宋臣僚在总结“火之发也必有因，而其救之必有道”时指出：“遗漏之始，不过一炬之微，其于扑灭为力极易；火势即发，亦不过一处，若尽力救应，亦未为难。至于冲突四出，延蔓不已，救于东而发于西，扑于左而兴于右，于是始艰乎其为力矣。故后之无所用其力，皆起于始之不尽力扑灭，不救至于燎原。此古今不易之论也。”[①]这就是至今人们仍强调的力争将火灾扑灭于初起阶段的战术原则。“救火之道”是在实践中不断发展的，在清康熙至乾隆年间已达到相当高的水平。康熙年间《御火灾说》指出，救火兵丁赶到现场后要“观风势所向，相机扑救，期于立时灭熄”。乾隆二十一年（1756年）制定的湖南《救火事宜》进一步总结了灭火经验：“救火之要，拆去火路为先。盖火路一断，火势即不延烧，以下房屋均可保全，免致同为灰烬。”这一观点符合火势发展的规律和灭火的基本要求，可以说概括了我国古代灭火战术的精华。而切断火路的主要方法，一是破拆房屋建筑，二是射（泼）水挡住火头。“救火全资水力”。古代灭火除利用江河、湖泊、池塘等天然水源外，主要利用水井、

① 马红梅，万修梁．消防管理学[M]. 北京：中国人民公安大学出版社，2003：10.

水桶、水缸等。北京紫禁城内放置的大型鎏金水缸（又称吉祥缸，俗称海缸），就是宫廷用的防火水缸。其中以皇帝居住的乾清宫前的防火水缸最大，有些乾隆年间铸造的水缸直径 1.6m，高 1.2m，重 3 392kg，可贮水 3 000L，据说当年铸造这样一口铜质鎏金缸要花费白银 500 两。为了及时发现和报告火警，东汉时有些地方建造了瞭望楼，同时用于发现敌情或其他非常事件。北宋出现了专用的望火楼，后来或者单独修建望火楼（警钟楼），或者利用城楼、鼓楼、钟楼等瞭望火警。一旦发现火警，即鸣钟或击鼓、吹号，有时白天还悬旗、夜间挂灯，以便按规定信号识别发生火警的方向或地段。至于救火器材、工具，唐代以前还没有超出平时生产和生活用具的范围，正如《淮南子》所说："夫救火者汲水以趋之，或以瓮瓴，或以盂盆，其方圆锐椭不同，盛水各异，其于灭火均也。"唐宋时代出现了专门用于灭火的水（油）囊、水袋和竹制唧筒。水囊系用猪、牛胞盛水，起火后掷到着火处，水囊外壳破裂或被烧穿，水即流出灭火。油囊则是用油布缝制而成，供盛水灭火用。据宋《武经总要》记载，"唧筒，用长竹，下开窍，以絮裹水杆，自窍唧水"。这说明北宋时人们已掌握柱塞式泵浦的原理。尽管这种简易的竹制唧筒的射程和流量都很有限，但比起用水桶、水囊等装水或掷水确实是一个重要的进步，可以说是我国最早出现的消防泵浦。

综上所述，在春秋战国至明末清初的 2 000 多年间，我国作为一个古代文明大国，在同火灾的斗争中创造和积累了独具特色的经验，达到了相当高的水平，这与同一时期世界上许多国家相比是领先的。意大利旅行家马可·波罗（Marco Polo）于 1275 年来华后曾住了 17 年。他在 1307 年问世的《马可·波罗游记》中不仅称赞杭州是当时"世界上最富丽名贵之城"，也指出该城"盖房屋多用木料，火灾常起"，当时杭州严格对火灾的戒备和严密组织火灾扑救工作等也都给人们留下深刻的印象。

（二）近代消防

1840 年以后，随着近代工业的出现和发展，近代厂矿企业逐渐增多，煤油、炸药等化学危险品在生产、贮运和使用过程中越来越多，蒸汽机、内燃机和电气开始得到应用，因而使火灾危险性和火灾出现了历史上未曾有过的特点。清代末年，一些地区相继发生机器厂、织布厂、火柴厂、轮船以及军火库等火灾。旧中国严重的火灾情况，进一步推动了消防组织、消防法制、防火灭火工作的开展。

从消防组织来看，近代中国出现了与历史上的救火兵及其“火班”迥然不同的近代消防组织——消防警察。消防警察作为巡警的一种，先后在昆明、广州、沈阳、吉林、安庆、杭州、长沙、西安等地建立起来，民国初年，武昌、济南、桂林等城市也分别组建了消防警察队。此外，民国时期有的近代工业企业还建立了自己的消防队，以便及时扑救本单位火灾。例如，河北省滦州市启新洋灰公司便成立有消防队，其队员无额定，常设二人专司其事，遇有火警临时召集，并配备有专门的人力消防泵。

清代初年延续下来的救火会一类的民间消防组织，在同火灾斗争中同样发挥着不可或缺的作用。由于地方驻军兼任救火工作往往难以及时有效地扑救火灾，专门的救火兵役为数很少，而消防警察创办后大多集中在少数较大的城市和商埠，也往往难以独自担负起当地的灭火任务，因而救火会组织在我国南、北方的不少城镇和一些乡村继续有所发展。河北一些县城和城镇的救火会自清代初、中期建立后到二十世纪三四十年代仍然存在。北京的救火会称为水局、水会，清道光年间出现后，到光绪十一年曾达到 15 处，分布在中、东、南、西、北城，光绪十五年（1889 年）天坛祈年殿失火时，各水局曾赶去扑救，被传旨赏银和嘉奖。天津救火会不仅成立较早，而且力量庞大，从康熙到咸丰年间，天津成立过大小 50 多个救火会。上海从嘉庆九年（1804 年）创立第一个救火会组织起，光绪三十三年（1907 年）已增至 30 余处，并成立了全市救火联合会及各区救火会。民国期间，各地民办或商办救火会的章程愈发严密，消防器材装备和执勤房舍逐渐改善，上海有些区救火会还专门建造了消防站。由于上海市救火联合会组织比较严密，消防装备优于全国，灭火经验比较丰富，该联合会曾应邀参加万国消防工程师联合会及太平洋沿岸消防队长联席会，这是我国第一次出席国际消防会议。

从消防法制来看，光绪三十三年（1907 年）法部在研究别国及本国国情的基础上，制定和提出了《刑律草案》，在其“分则”的有关条款中对放火破坏或失火损坏“陈列、储藏各种科学、美术、工艺之贵重图书馆物品营造舞”、矿坑、学堂、病院、工场等营造物之类，以及“凡依火药、煤气、电气、蒸气之作用或此外方法致营造物、矿坑及其余之物炸裂者”，分别根据造成损害的情况给予不同的刑罚。这些有关消防的条款，在一定程度上反映了近代消防的需要。但在一些特殊因素的影响下该草案未能正式颁布施行。光绪三十四年（1908 年）由民政部提出的《违警律》经皇帝批准正式公布施行。这一法律是对虽未触及刑法但已危害社会秩序的未经行为规定予以处罚。其中第三章“公众危害之违警罪”规定了有关消防的条款，如对违章搬运、贮藏火药及一切能炸裂之物者，未经官准制造烟火及贩卖者、对于人烟稠密之处点放烟火及一切火器者、当水火及一切灾变之际由官署令其防护抗不遵行者等，处以 15 日以下、10 日以上的拘留或 15 元以下、10 元以上的罚金。

在民国时期，为了同火灾做斗争，先后制定了一些相关的法规和规章制度。例如，《中华民国刑法》中“公共安全罪”一章规定了对放火、失火的刑罚；1943 年修订公布的《违警罚法》也包括了一些消防处罚办法。其中有关消防的条款内容，基本上承袭了《刑律草案》和《违警律》中的有关规定精神，并在个别方面有所充实和发展。

此外，清末民初时期在消防组织、防火管理及火灾统计等方面制定了一些全国性或地方性的规章制度。例如，《直隶省城警察救火章程》就是制定较早、内容比较完备的地方性消防警察章程。该《章程》指出，鉴于津郡为直（隶）省之巨埠，乃中外官商荟萃之区，商业繁盛，人烟稠密，警察“公所设消防队专管救火事宜”，并对消防警察的条件、奖惩、训练以及火警信号与出动、灭火方法、火场指挥及救火会的有关事宜也有相应的规定。天津的这一《章程》，对其他地区消防警察的建设也有启发和借鉴的作用。又如，1934年国民党政府内政部公布的《警政统计查报表》，规定了各地每发生一次火灾均应填写《火警登记册》，并按月填报《火灾统计报告表》，每半年汇总报部。但是，这一火灾统计报告制度各地并未贯彻落实，因而民国时期火灾统计资料很不完整。清末和民国时期全国性消防法规很少，已有的往往也不能付诸实施。因而对不少火灾的原因不加调查或无法查清，特别是在消防处罚上往往“只许州官放火，不许百姓点灯”，对于有权势的人，即使查清了火因，也不能依法处理，而不了了之。

从防火灭火来看，清代后期，随着近代工业生产的出现，开始从西方引进一些近代防火技术。例如，同治十年（1871年）在天津附近蒲口兴建一处比较近代化的火药库，“凡库造法悉仿洋式库屋”，并采取了一些防火、避雷措施。民国时期，近代工业企业及百货商店、电影院、饭店、公寓等新型建筑在城市中逐渐增多，上海、天津、广州等大城市在20世纪二三十年代建造了少量的高层建筑。高层建筑中开始采用一些近代消防技术。始建于1927年的天津中原公司大楼，既销售百货，又有戏院、酒家等，该建筑物耐火等级高，楼内还配置了消火栓和灭火器，楼顶安装避雷针。建于1934年、1936年的上海百老汇大厦（现上海大厦）和大新顾问友爱公司大楼（现上海第一百货商店），还安装了自动洒水灭火设备。上海的天蟾、大舞台等影剧院在舞台上装有防火幕、自动水帘等。这些消防设备对于扑灭初期火灾和防止火势蔓延具有重要的作用。在火灾扑救方面，由于火灾情况日趋浮躁，消防警察和救火会逐渐增多，如何组织指挥火灾扑救已经成为消防工作中的一个重要问题。一些城市的消防警察和救火联合会相继制定了具体规定，如火场的警戒与保护由所在地段警察负责、“火场扑灭事宜由消防队长负责监督指挥之责，所有救火会均应听其指挥”等。

水是消防的命脉。清代末年有些城市开始兴建自来水设施，出现了消火栓这一近代消防水源。光绪九年（1883 年）英商在上海租界成立自来水公司，先后在一些街道安装消火栓。其他一些城市也相继建立自来水厂和铺设供水管道，自来水龙头和消火栓数量逐渐增多。但在设有消火栓的地区大多水压很低，多数还是靠水井和天然水源向火场供水。

随着近代通信技术的发展，我国一些地方逐渐使用电话报告和受理火警。从 1881 年上海租界内安设电话起，一些城镇电话用户范围逐步扩大。

在扑救火灾所用的器材装备方面，伴随着西方科学技术传入我国、木制消防唧筒和金属消防唧筒先后在我国逐步推广。木制唧筒又称“水龙”、水铳、手压救火泵，于清顺治（1644—1661 年）初年由日本首先传到上海，后被不少城镇仿制。这种消防唧筒在使用时被放到两轮或四轮车上，人拉或推着奔向火场。1852 年和 1856 年，英国人和法国人先后将本国生产的金属消防唧筒带到上海租界。这种金属消防唧筒下部有四个轮，以便人推或马拉，其灭火效率超过木制唧筒，国内一些工厂大量制造后也开始广泛使用。蒸汽泵浦消防车是在蒸汽机出现后不久，由英国人于 1829 年首先制成的。1863 年 6 月，上海航运公司从美国购买一台蒸汽泵浦消防车。清末至民国初期，上海、北京、天津、哈尔滨等地消防队一度使用过从外国引进的这种以蒸汽机为动力的消防车。1902 至 1903 年，德国和英国相继制造了世界上最早的以内燃机为动力的消防车。光绪三十四年（1908 年），上海公共租界火政处从英国购进三辆马特消防车。这是在我国土地上第一次出现消防汽车。这种消防汽车由于速度快、机动性强、灭火威力大，比消防唧筒和蒸汽泵浦消防车有很大的优越性，成为最重要的近代消防装备。

（三）现代消防

1. 消防 1.0 时代——机电消防

现代消防的发展离不开工业进步的大环境，没有工业发展的大环境，现代消防就无从谈起。伴随着第一次和第二次工业革命的机械化及电气化，消防技术得到长足的发展，使消防的发展才取得划时代的突破。机电消防其实就是消防技术的机械化、电气化，也称作机电消防时代。

例如，消防车作为消防灭火的基本装备，消防车的发展是动力机械、水泵技术、汽车技术等综合发展的结果。在古代，火灾通信报警一直采用人呼、敲锣、鸣钟、举旗等原始和传统的方法，电话问世后，以电话通信报警代替以眺望台、敲锣等传统方法。同时，水是火灾的克星，以自来水管网提供消防用水代替缸储、桶提等天然消防用水，建立自来水厂后铺设管道，安装消防栓，建设消防供水管网。

因此，以内燃机为动力的消防车、消防艇及消防泵和早期的自动喷水灭火装置和火灾自动报警装置的发明出现，表明人类的灭火水平跃上了一个新的台阶，标志着现代消防的开始。

2. 消防 2.0 时代——数字信息消防

20 世纪中期以来，工业 3.0 以原子能、电子计算机、空间技术和生物工程的发明和应用为主要标志，涉及信息技术、新能源技术、新材料技术、生物技术、空间技术和海洋技术等诸多领域的一场信息控制技术革命。工业 3.0 不仅极大地推动了人类社会经济、政治、文化领域的变革，而且也影响了人类生活方式和思维方式。

现代数学、物理学、燃烧学、流体力学及计算机技术等学科领域的发展和火灾试验手段的革新，各类性能先进的火灾自动报警和自动灭火系统、防排烟设备、灭火剂、防火建筑材料和构件等消防技术产品，被大量开发出来，并在实际工程中得到广泛应用。

因此，伴随计算机互联网技术进步，消防通信调度指挥、灭火救援辅助决策、消防管理等技术的信息化和网络化得到了迅速的普及，标志现代消防进入信息数字时代。

3. 消防 3.0 时代——初级智慧消防

2014 年，德国在汉诺威博览会正式发布“工业 4.0 国家战略”。此后，工业 4.0 席卷全球，将互联网、大数据、云计算、物联网等新兴技术与传统行业相融合，极大地推动了社会各领域的智慧化进程，人类社会已经正式进入第四次工业革命。

近年来，智慧消防已经成为政府和消防行业最热门的词语。笔者认为智慧消防不仅仅是将新兴技术引入到消防行业，必须对消防行业进行深层次的体制改革和理论创新。通过对现代消防发展过程的梳理，将智慧消防划分为初级智慧消防、空地立体智慧消防、无人智慧消防，目的是探索智慧消防发展的时间图和路线图。例如，建设城市重点单位远程消防监控系统，开发各种智慧消防 APP，建立消防供水设施的监控等归类为智慧消防是不准确的，划分为初级智慧消防较为合适。目前，世界各地都在积极推进智慧消防建设，相关消防企业都对智慧消防项目投入了巨大的热情。现代消防被赋予了新内涵，标志现代消防进入智慧消防时代。

4. 消防 4.0 时代——空地立体智慧消防

“空地立体智慧消防”是消防 4.0 时代，在现代消防发展体系中，是现代消防全面核心发展阶段，真正实现“以人为本”的智慧消防。伴随移动互联网、人工智能和机器人技术的不断进步，涵盖了消防工作的全过程、全环节，是一个庞大的社会系统工程，从而树立创新、协调、绿色、开放、共享的消防发展理念。

伴随人工智能、物联网、移动互联网 + 等、导航技术、大数据云计算等最新技术的发展，快速报警指挥系统，智能化的空中灭火救援平台等消防新技术将不断涌现，将对现代消防从组织，管理，灭火理念等进

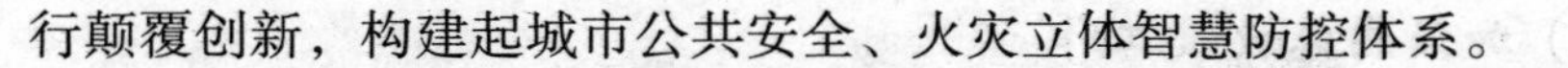

行颠覆创新，构建起城市公共安全、火灾立体智慧防控体系。

因此，“空地立体智慧消防”将是真正意义上的现代消防，智慧消防，体现未来消防产业发展理念和创新精神，标志现代消防真正进入智慧消防时代。

5. 消防 5.0 时代——无人智慧消防

目前，正当“工业 4.0”进行得如火如荼的时候，“工业 5.0”已悄然苏醒，在科幻电影中所见到的高智能化科技将逐步实现。将来，伴随人工智能技术的成熟，工业 5.0 是以“人 + 机器人”人机协作为目的，人机合一的技术时代。

无人智慧消防是消防 5.0 时代，将是智慧消防的高级阶段，也将是工业 5.0 时代的技术产物。例如，各种消防机器人的大量应用，消防 5.0 时代将全面实现火灾监测救援灭火的无人化、智慧化，这将标志着现代消防进入无人时代。

第二节 消防工作的目的和特点

一、消防工作的目的

（一）预防火灾和减少火灾危害

“预防火灾和减少火灾危害”包含了两层含义：一是做好预防火灾的各项工作，防止发生火灾；二是要积极减少火灾危害。火灾绝对不发生是不可能的，但是火灾危害是可以通过人类积极的行为干预而减少的。对于火灾，在我国古代，人们就总结出了“防为上，救次之，戒为下”的经验。因此，为了满足社会发展和人类生存对消防安全的期待，一旦发生火灾，就应当及时、有效地进行扑救，最大限度地减少火灾危害。

（二）加强应急救援工作

随着经济社会的快速发展，改革开放不断深化，致灾因素大量增加，非传统安全威胁日渐凸显，道路交通事故、重大安全生产事故、危险化学品泄漏、空难、地震等自然灾害和突发公共卫生事件等各类灾害事故时有发生，给人民群众生命财产安全带来了严重危害。因此，根据经济和社会发展的需要，《中华人民共和国消防法》（以下简称《消防法》）总则第一条就写明“为了预防火灾和减少火灾危害，加强应急救援工作，保护人身、财产安全，维护公共安全，制定本法。”这是对我国消防工作职能的新拓展。

（三）保护人身、财产安全

人身安全是指公民的生命健康安全，财产安全是指国家、集体以及公民的财产安全。人身安全和财产安全是受火灾直接危害的两个方面，而人的生命健康安全第一宝贵。因此，消防工作中必须贯彻落实科学发展观，践行“以人为本”的思想，在火灾预防上要把保护公民人身安全放在第一位，在火灾扑救中坚持“救人第一”的指导思想，切实实现好、维护好、发展好最广大人民的根本利益。

（四）维护公共安全

所谓公共安全，是指不特定多数人生命、健康的安全和重大公私财产的安全，其基本要求是社会公众享有安全和谐的生活和工作环境以及良好的会秩序，公众的生命财产、身心健康、民主权利和自我发展有安全的保障，并最大限度地避免各种灾难的伤害。消防安全是公共安全的重要组成部分，做好消防工作，维护公共安全是政府及政府有关部门履行社会管理和公共服务职能，提高公共消防安全水平的重要内容。做好消防工作，维护公共安全，是全社会每个单位和公民的权利和义务。社会各单位和公民应当贯彻预防为主，防消结合的方针，全面落实消防安

全责任制，切实维护公共安全、保护消防设施、预防火灾，正确处理好消除火灾隐患和加快经济发展的关系，依法推行消防安全自我管理、自我约束，保护自身合法权益，保障社会主义和谐社会建设。

二、消防工作的特点

（一）社会性

消防工作具有广泛的社会性，它涉及社会的各个领域、各行各业、千家万户。凡是有人员工作、生活的地方都有可能发生火灾。因此，要真正在全社会做到预防火灾发生，减少火灾危害，必须按照政府统一领导、部门依法监管、单位全面负责、公民积极参与的原则，依靠社会各界力量和全体公民共同参与消防，实行全民消防。

（二）行政性

消防工作是政府履行社会管理和公共服务职能的重要内容，各级人民政府必须加强对消防工作的领导，这是贯彻落实科学发展观，建设社会主义和谐社会的基本要求。国务院作为中央人民政府，领导全国的消防工作，对于更快地发展我国的消防事业，使消防工作更好地保障我国社会主义现代化建设的顺利进行，无疑具有主要的作用。但由于消防工作又是一项地方性很强的政府行政工作，国务院虽然领导全国的消防工作，但许多具体工作，如城乡消防规划、城乡公共消防基础设施、消防装备的建设，各种形式消防队伍的建立与发展，消防经费的保障，以及特大火灾的组织扑救等，都必须依靠各级人民政府负责。为此，《消防法》明确规定：地方各级人民政府负责本行政区域内的消防工作。

（三）经常性

无论是春夏秋冬，还是白天黑夜，每时每刻都有可能发生火灾。由于人们在生产、生活、工作和学习中有很多用火的情况，若平时稍有疏漏就有可能酿成火灾，因此，这就决定了消防工作具有经常化属性。

（四）技术性

火灾的预防和扑救需要运用大量的自然科学和工程技术手段，这就要求从事消防工作的人员要认真研究火灾的规律和特点，并掌握一定的科学知识和技术手段。坚持科技先行，依靠科技进步不断提升防火、灭火和救援能力。

第三节　消防工作的意义和作用

一、消防工作的意义

消防工作是国民经济和社会发展的重要组成部分，是发展社会主义市场经济不可缺少的保障条件。消防工作直接关系人民生命财产的安全和社会的稳定。做好消防工作，预防和减少火灾事故的发生，具有十分重要的意义。

消防工作是一项社会性很强的工作，它涉及社会的各个领域，与各个行业和人们的生活都有着十分密切的关联。随着社会的发展，仅就用火、用电、用气的广泛性而言，消防安全问题所涉及的范围几乎是无处不在。全社会每个行业、每个部门、每个单位甚至每个家庭，都有一个随时预防火灾、确保消防安全的问题。“隐患险于明火，防患胜于救灾，责任重于泰山”，因此，全社会各部门、各行业、各单位以及每个社会成员，都要高度重视并认真做好消防工作，认真学习并掌握基本的消防安全知识，共同维护公共消防安全。只有这样才能从根本上提高一个城市、一个地区乃至全社会预防和抗御火灾的整体能力。

二、消防工作的作用

（一）对公民生命和财产安全的保障作用

消防工作的首要职能就是预防和扑救火灾，以一种特殊的劳动形式产生对人们生命和财产安全的价值保障作用，保护已有的人力资源、财力资源和物力资源不受火灾损失或减少损失，并持续、稳定地为经济发展和社会和谐提供前提条件和基本保证。消防工作虽然并不直接创造具体的财富利润，但却存在于创造财富利润的经济活动的始末，是和平安定发展社会生产力、创造社会财富的基本保障条件。倘若缺少消防工作的有效支撑，经济社会必然缺失这种保护作用，社会再生产将缺乏稳定性。消防工作的这种价值作用是显而易见的，若工厂或车间遭受火灾，就不可能生产出可以产出的商品；如果把劳动力身陷于火海，再好的机器设备和原材料也无法进行生产和产出更多的产品。

（二）对提高企业经济效益的保证作用

消防工作对公民生命和财产安全的价值保障作用，实际上是消防工作的经济效益，是提高经济效益的一种具体行为激励，从经济的本质而言，对企业主体来说具有积极的提高经济效益的保证作用。企业通过建立和强化消防工作体系，合理选择消防投入与管理供给，将火灾风险降低到火灾临界状态以下，使生产经营始终保持在生产可能曲线之上，最大效益地实现对稀缺性资源的价值保护作用，从而达到增加产出，实现提高企业主体经济效益的保证作用。假如某企业资产 5 000 万元，其中消防投入需要 150 万元，在一般市场竞争情况下，如果为了单纯的经济竞争力而选择了放弃 150 万元的消防投入，那么一旦发生火灾，全部财产将付之一炬，经济效益更是无从谈起。相反，建立与企业火灾风险相适应的消防工作体系，选择必要的人力、物力、财力等消防工作要素的基本投入，并进行有效的消防管理，消防工作则可以满足企业对追逐利润目的和生产经营等的需求，实现对企业提高经济效益的保证作用。

（三）对科学技术发展的推动作用

科学技术是生产力的重要组成部分，优化生产力发展的重要条件。消防工作对科学技术发展的推动作用主要表现在两方面。

一方面是指消防科学技术的进步，保证了以促进经济发展的各种先进技术在实现经济社会发展目标中的安全使用；另一方面是指各经济产业领域的工艺装备材料的耐火、阻火、防火、防爆等消防技术的进步，推动了社会公共消防安全的发展。这两方面共同构成了社会消防工作的重要内容。其中前者还是社会经济发展水平的标志，并受到经济社会发展水平的限制；后者是企业主体对生产经营活动安全、经济、科学合理的综合体现，其工艺、设备、材料及产品方面的防火防爆技术及耐火性能如何，直接取决于前者的发展水平和现实状况，并且企业主体的消防技术装置以及消防力量等，又是社会消防工作体系的重要组成。国内外的实践证明，重视消防工作必然要重视消防科学技术，重视科学技术自然就会适应社会经济发展规律的要求，由此产生并发展消防报警技术、火场侦查技术、灭火技术和防火技术等，各种大型高压喷水车、高压供水系统、举高消防云梯、自动报警器、灭火机器人及各种微型的家庭灭火器等消防技术装备的出现，都体现出消防工作推动其他科学技术并同时与其他科学技术一同推进经济社会进步与发展的成果和标志。

（四）对城乡建设规划科学化的促进作用

城乡建设规划中要体现有利于消防的原则，也是现代社会城乡建设规划科学化的重要内容，忽视或者取消消防内容的城乡建设规划是不科学而且不可取的。在现代城市和社会主义乡村建设都需要进行消防规划，对消防规划与城乡建设总体规划同步科学论证、合理布局、统筹安排显得尤为重要。我国古人就已经懂得了消防规划的原理，如改木制茅草房为石头砖瓦房、开设护城河、开辟防火通道和防火间距等。现代城乡建设中贯彻“综合治理，统一规划”的原则，在城乡功能分区定位、经济产业布局、生活设施功能设置等重大经济社会发展问题上都要统筹考虑公共消防基础建设，建设与城乡经济发展相适应的公共消防安全基础设施和消防管理制度，从而促使城乡建设与发展的科学化、合理化和经济性，城乡建设规划也随之得到了固化和发展。消防工作是促进城乡建设规划科学化，是建设现代化城市及乡村的重要条件和基本前提。

（五）对构建企业文化、规范与经营管理的改善作用

进行技术改造和经济管理是经济腾飞的两个关键，而消防工作恰恰是技术改造和经营管理得以实现的基本保障条件。消防工作要求各企事业单位都要建立并落实防火工作责任，与生产经营活动统筹考虑一并安排；要求所有职工严格遵守生产劳动纪律和生产安全技术操作规程，做好防火、防爆、防破坏的各项工作；要求将各种生产资料及成品、半成品存储井然有序，保持生产经营场所环境整洁；要求开展员工的消防安全教育、培训，提高企业员工的劳动素质和应急事故的处置能力等。许多企业从维护自身经济利益出发，根据国家的有关消防法规，结合本企业实际把消防工作责任制纳入生产经营经济考核体系，大大增强了企业的生产秩序，减少了各种事故和火灾的发生，提高了经济效益和市场竞争力，促进和加强了企业文化的全面建设和发展。

（六）对政府及其部门与企业之间的连接作用

火灾的外部性能否消除，关键在于是否建立企业责任制度和社会性的约束机制，所以，消防工作不仅是以企业为单位对象的微观领域存在，同样更应该在政府及其部门如经济、文化、建设、科技等部门得到存在与强化，而且，消防安全标准已成为市场经济体制下企业主体能否进入市场的门槛，消防工作已实际构成了建立政府及其部门与职能相匹配的消防安全责任传导路径，构建起社会化消防工作的新格局，使评定消防

工作有定向的考评指标参照体系。目前消防监督管理采取的是以重点管理模式（包括重点行业、重点单位、重点时期、重点部位等）为基本的管理方式。且通过这种模式的运行实现对公共消防安全的宏观调控。而消防部门就强化法律监督意识，贯彻预防为主方针，加强对重点消防工作对象的检查监督，寻求政府其他部门的执法合力，共同解决危及公共消防安全的问题。与此同时，金融、保险业的发展，往往主动到企业开展火灾风险评估，进行安全检查，提供消防安全改进意见，已成为企业转嫁火灾风险、降低火灾危险的重要经济手段、政府及其部门的联合执法、金融保险公司与企业之间的密切配合、消防部门的依法监督，共同组成了防灾、抗灾、救灾的社会消防力量。

（七）对造就社会公共安全人才队伍的激励作用

人才问题是社会发展的根本问题，也是发展消防事业的关键。随着社会化分工越来越细和科学技术的飞速发展，适应政府职能转变和市场多种经济成分的体制，消防的社会化需要得到大力加强和发展。市场经济条件下的消防工作的性质，地位和任务都十分明确，社会公众对安全的需求迫切要求加强社会消防队伍建设和公共消防安全人才的培养，只有这样才能充分发挥消防工作维护社会治安和保护社会经济发展的职能作用。要发展社会化的消防队伍和消防专业人才，必须在市场中有其价值体现的平台和存在的空间，良好的消防工作市场机制使有志于消防工作和消防事业发展的人员成为具有适应本行业要求的特殊人才，有利于营造出一个适合市场经济运作的消防中介服务体系，从而推动社会公共消防安全的进步。

（八）对我国历史文化遗产的保护作用

我国是一个具有悠久历史文化而又富于革命传统的国家，北京、西安、开封、洛阳、杭州、沈阳等历史古城，在城池内都建造了许多富丽堂皇的宫殿、寺院和教堂，在山水花木之间建造了很多亭台楼阁。

这些古代建筑、历史文物和革命遗址，都体现了中华民族悠久的历史、光荣的革命传统和光辉灿烂的文化，若遭火劫，将会造成不可挽救、无法弥补的损失。例如，吉林市博物馆的银都夜总会发生火灾，使黑龙江省博物馆在吉林市巡展的一具长 11m、高 6.5m 的恐龙化石化为灰烬，32 000 多件文物、石器、陶器、服饰、书画以及 40 多年来的音像、图片、文字资料档案、11 000 余枚 19 世纪末 20 世纪初国内外的珍贵邮票、9.73 万册 1909 年至今的科技文献及中外文刊物等，全部烧毁；还烧毁建筑物 6 800m^2，直接经济损失 671 万元，文物损失无法估价。

我国历史上古建筑火灾也很多，就连闻名遐迩的少林寺也曾三遭火劫。少林寺建于北魏太和十九年，距今已有 1 400 多年的历史，在这期间几度兴衰，第一次火灾发生在隋朝，第二次发生在清朝，第三次火灾发生在民国时期的 1928 年，国民党军阀石友三放火烧毁了大部分建筑，损失了许多珍贵文物。

从以上火灾事故可以看出，做好消防工作对保护和继承我国的历史文化遗产，发扬革命传统和教育后人，发展我国的旅游事业，都具有十分重要的作用。

第四节　消防工作的方针和原则

一、消防工作的方针

《消防法》第一章第二条规定：“消防工作贯彻‘预防为主，防消结合’的方针”。这个方针科学、准确地表达了“防”和“消”的辩证关系，反映了人们同火灾做斗争的客观规律，也体现了我国消防工作的特色。

（一）预防为主，防患于未然

消防工作方针，首先强调对火灾的预防。在防火方面，自古以来就有“防患于未然”的传统，《周易》中就有“水在火上，既济”“君子以思患而预防之”的论述。汉代史学家荀悦的《中鉴·杂言》中，也有“先其未然谓之防”的说法。唐代广州等地已推行以砖房代茅屋和展宽街道以防延烧等措施。在明代宋应星的《天工开物》等科学著作中，提出了一些重要的防火安全技术措施。清代武汉三镇对于防火方面有明确的记载：“一切花爆，流星诸凡引火之的不时示禁，小心火烛，责成地保。此尤防患于未然也。”[①] 可见，“防患于未然”早被人们所共识，这一至理名言，反映了我国的消防传统。

火灾是一种常见的灾害，但实际上绝大多数火灾是人为造成的。因此，火灾并不是不可预防的，只要预防工作做好了，就能够减少火灾的发生，即使发生了火灾，也可以最大限度地降低火灾所造成的危害。从这些年火灾的发生原因来看，用火、用电不慎占火灾总数的 70% 以上。几乎各种火灾都与人的因素有关，且许多火灾是由于人的思想麻痹、放松警惕、缺乏防火意识所造成的。所以，贯彻执行消防工作方针，就应在“预防为主”上下功夫花气力。“预防为主”，就是一定要抓好宣传教育，使人们重视消防工作，一切宣传部门都有宣传防火的义务，各企事业单位，也要充分利用一切宣传工具，进行多种形式的防火教育。要向广大群众宣传消防工作方针、原则，认识火灾的危害性和防火工作的重要性。同时，还要向广大群众普及消防知识，提高防火和扑救初起火灾的能力。

“预防为主”，必须确立一整套科学的规章制度，保证措施落实。例如，逐级防火责任制、电气防火安全制度、明火管理制度、危险品管理制度等，都要严格执行，认真落实，这是预防火灾所必需的。

---

① 杨林，祁宝祥．消防工作人员手册[M]. 长春：吉林人民出版社，2005：280.

"预防为主"，一定要有经常性的防火安全检查，以消除火灾隐患。一般来说，火灾的发生是有先兆的，如能及时发现，及时采取整改措施，就能有效地防止火灾的发生。例如，某家纺织厂车间配电板电线绝缘损坏了，配电板周围沉积了不少棉绒，这就是火灾隐患。有人提出更换电线，及时清除棉绒。可是，有关人员未引起重视。一天，电线产生电火花，引燃了棉绒酿成一场大火。如果发现火灾隐患后能及时清除，就能把火灾事故消灭在萌芽状态。

（二）防消结合，做好灭火准备

消防工作方针，强调在做好火灾预防工作的同时，做好各项灭火准备，及时扑灭火灾。做好灭火准备，首先是要有思想准备。树立战备观念，打有准备之仗，一旦发生火灾做到心中有数，科学指挥灭火，快速扑灭火灾。其次是要有组织准备。要建立健全一支训练有素，能召之即来，来之能战，战之能胜的消防队伍。再次是要有物资准备。一个城镇要规划建设消防站、消防给水、消防通信、消防通道等公共消防设施，配备先进的消防技术装备。在重要的建筑物内，按照国家消防技术规范的规定，设计、安装相应的火灾自动报警、自动灭火、消防栓给水、防烟排烟、事故照明、消防电梯、人员疏散等消防设施，并在建筑物内配置一定数量、相应品种的灭火器。

"预防为主，防消结合"的消防工作方针，正确地反映了人们同火灾做斗争的客观规律，"防"和"消"是相辅相成，相互渗透，相互补充的一个不可分割的整体，是达到同一个目的的两种手段。只有全面把握，正确理解，认真贯彻执行这个方针，才能把消防工作做好。

二、消防工作的原则

（一）政府统一领导原则

《消防法》要求各级人民政府应当将消防工作纳入国民经济和社会发展计划，保障消防工作与经济社会发展相适应；将消防规划纳入城乡规划并组织实施；开展消防宣传教育和消防安全检查，督促或者组织整改重大火灾隐患；建立多种形式的消防组织，增强火灾预防、扑救和应急救援能力；建立应急反应和处置机制，落实人员、装备等保障；根据火灾扑救需要，组织支援灭火等。开展这些工作，是任何部门、任何单位及任何个人无法替代的，标志着政府在消防工作上起着核心领导作用。一个地方消防工作状况如何，取决于当地政府对消防工作的重视程度。重视如何不仅包括政府对公共消防设施、消防装备、救援器材等硬件投入，而且包括对日常消防工作的关心支持和组织领导等各个方面。因此，各消防部门要当好政府的参谋和助手，向当地政府多请示多汇报。不要满足行政区域政府有城镇消防规划；重要消防活动政府有工作方案，政府领导有讲话；重大节日政府有组织检查。而要真正促使政府切实加强对消防工作的领导，解决本行政区域内实实在在存在的消防方面的重要问题。

（二）单位全面负责原则

《消防法》强调每个单位要对本单位的消防安全负责，单位的主要负责人是本单位的消防安全责任人；单位应当落实消防安全责任制，制定本单位的消防安全制度、消防安全操作规程，制定灭火和应急疏散预案并组织演练；按规定配置消防设施器材，并定期组织检验、维修，确保完好有效；组织防火检查，及时消除火灾隐患；发生火灾，及时报警和组织扑救等。新修订的《消防法》明确了消防工作单位主体责任以及单位必须履行的职责和义务，纠正了单位以往消防工作过多依赖当地政府、上级主管部门和公安消防机构的现象。但作为消防机构工作人员应增强宗旨意识，经常深入企事业单位（场所）进行防火宣传教育，普及消防基础知识，提高职工群众消防意识；开展消防安全检查，督促整改火灾隐患，帮助落实消防安全措施；加强对工企单位专职、义务人员的业务指导，完善灭火和应急疏散预案，不断提高单位自防自救能力。

（三）公民积极参与原则

《消防法》规定任何人都有维护消防安全、保护消防设施，预防火灾，报告火警的义务；任何成年人都有参加有组织的灭火工作的义务；任何人不得损坏、挪用或者擅自拆除、停用消防设施器材，不得埋压、圈占、遮挡消火栓或者占用防火间距，不得占用、堵塞、封闭疏散通道、安全出口、消防车通道；任何人都有权对消防机构及其工作人员在执法中的违法、违纪行为进行检举、控告。实践证明，消防工作是一项群众基础很强的工作。俗话说，基础不牢，地动山摇。消防机构及其工作人员应通过上消防课、举办培训班、开展灭火和疏散逃生演练、消防安全知识竞赛、消防文艺节目演出等多种方式方法进行消防安全宣传教育，着力提高公民消防意识，增强群众参与消防工作的积极性和主动性，力求做到人人防火，时时防火，处处防火；并不断增强群众灭火和应急救援能力，只有这样，才能打牢消防工作的基础，把消防工作落到实处。

第五节　消防工作的管理和文化

一、消防工作的管理

（一）消防工作管理的概念

管理是指在特定的环境条件下，以人为中心，对组织所拥有的资源进行有效的决策、计划、组织、领导、控制，以便达到既定组织目标的过程。管理主体是一个组织，这个组织可能是国家，可以是一个单位，也可能是一个正式组织或非正式组织。无规矩不成方圆，人类的各项生产生活活动离不开管理。

消防工作的管理是对各种消防事务的管理，在社会公共事务管理中占有重要的地位。从清政府正式引入“消防”这一概念，尤其是中华人民共和国成立后，我国消防工作的管理从无到有，经过多年的发展，日趋完善和成熟。消防工作管理以遵循火灾发生和经济社会发展的客观规律为背景，由国家政府部门和其他非政府公共组织依照消防工作方针、政策，在消防法律法规的框架下，运用管理学的理论和方法，通过计划、组织、协调、控制等多种手段，对公共消防工作进行多层次、多方位的管理活动。

（二）消防工作的管理特点

1. 全方位性

从消防工作管理的空间范围上看，消防工作中的管理活动具有全方位性特点。生产和生活中，可燃物、助燃物和引火源可以说是无处不在，凡是有用火的场所，凡是容易形成燃烧条件的场所，都是容易造成火灾的场所，也就是消防工作管理活动应该涉及和到位的场所。

2. 全天候性

从消防工作管理的时间范围上看，消防工作的管理活动具有全天候性特点。人们用火的无时限性，形成燃烧条件的偶然性，决定了火灾发生的偶然随机性，这就决定了消防工作管理活动在每一年的任何一个季节、月份、日期以及每一天的任何时刻都不应该放松警惕。

3. 全过程性

从某一个系统的诞生、运转、维护、消亡的生存发展进程上看，消防工作的管理活动具有全过程性特点。例如，某一个生产装置系统，从计划、设计、制造、储存、运输、安装、使用、保养、维修直到报废消亡的整个过程中，都应该实施有效的消防管理活动。

4. 全员性

从消防工作的管理对象上来看，该管理活动还具有全员性特点。消防工作的管理对象不分男女老幼。如果在一个单位，该单位内部所有人员均属于被管理对象。

5. 强制性

从消防工作的管理手段上看，消防工作中的管理活动具有强制性的特点。因为火灾的破坏性很大，所以必须严格管理，如果处罚（包括行政处分、行政处罚、刑事处罚）不严格，则难以引起人们的高度重视。

（三）消防工作的管理要素

1. 管理主体

国家政府：国家政府是消防工作的最高管理主体，主要负责制定相关法律法规、标准和政策，监督消防工作的实施和推进，加强对消防工作的管理和指导。

地方政府：地方政府是各地消防工作的具体管理主体，负责落实国家有关消防法律法规、标准和政策，制定本地区的消防工作计划和措施，指导和监督本地区的消防工作实施情况。

消防部门：消防部门是直接负责消防工作的行政管理机构，包括消防总队、消防支队、消防大队等，负责消防设施的建设、消防宣传、火灾隐患排查、火灾事故的应急处置和救援等工作。

相关单位和个人：除了政府和消防部门外，还有其他单位和个人也是消防工作的管理主体，包括建设单位、物业管理单位、工业企业、学校、医院等，他们在日常生产和生活中必须遵守消防法律法规、标准和规定，建立健全消防管理制度和责任制，加强消防安全管理和防范措施，确保消防安全。

2. 管理对象

消防工作的管理对象亦称消防工作的管理资源，主要包括人力、财力、物力、信息、时间、事务等六个方面，

（1）人力。人力是指消防工作管理系统中被管理的人员。人是消防管理活动中最重要的对象或资源，是构成管理系统的核心要素。因为，任何的消防管理活动都需要人去参与和实施。

（2）财力。财力是指用于消防工作管理系统正常运转的经费开支，是维持和发展管理系统的财力基础。消防经费的开支应与经济增长速度相适应。

（3）物力。物力是指消防工作的管理系统中的建筑设施、机器设备、物质材料、能源、技术工具等。它是管理系统进行工作的物质技术基础。物是应严格控制的消防管理对象，也是消防技术标准所要调整和需要规范的对象。例如，可燃和助燃的原材料、半成品、成品等，引起火灾的能量来源即引火源，机器设备的故障，建筑设施的不安全因素等都是应该严格控制的对象物。控制系统中的物质流、能量流，使之正常流动，尽量避免形成燃烧的条件，尽量减少或消除火灾蔓延的条件。

（4）信息。信息是指开展消防管理活动的文件、资料、数据、消息

等。它是管理系统的神经，是管理系统有序活动的根据和手段。信息是通过文字、图像、符号、颜色、声、光、电等载体在系统中进行传递的。信息流也是系统正常运转的流通质，应充分利用系统中的安全信息流，发挥它们在消防管理工作中的作用。例如，某厂区内张贴“严禁烟火”标志，消防救援机构向管辖单位发出《责令限期改正通知书》等，都是向系统传递安全信息流。

（5）时间。时间是指消防管理活动的工作顺序、工作程序、工作时限、工作效率等。消防管理活动应统筹安排各项工作的先后顺序，注意工作的时限或时效性，提高工作效率。

（6）事务。事务（亦称事情），是指消防管理活动中的工作任务、工作职责、工作指标等。它体现管理系统应行使的权利、应尽的义务和责任。消防管理活动应针对工作任务设置工作岗位，并确定岗位工作职责，建立健全逐级岗位责任制，明确完成各项任务的工作指标或工作标准，尽可能对各项工作进行量化管理。

3. 管理依据

消防工作的管理依据包括法律政策依据和规章制度依据两大类。

（1）法律政策依据。消防工作管理中的法律政策依据是指消防管理活动中应遵循的各种法律、法规、规章以及技术标准等规范性文件。

（2）规章制度依据。消防工作管理中的规章制度依据是指社会各单位内部消防管理活动应遵循的适用于本单位的消防管理规章制度，即社会各单位根据本单位特点制定的适用于本单位消防安全管理的规范性文件。

4. 管理原则

消防工作管理的原则是指从事消防管理活动应遵守的指导方针和准则。灵活运用消防工作中的一些管理原则，其目的是指导消防机构正确处理与社会各部门、各单位的相互关系，正确解决消防监督管理和消防安全管理活动中的各种关系，以实现最佳的管理目标。

5.管理方法

消防工作中的管理方法是指消防工作管理主体对管理对象施加作用的基本方式或者消防管理主体行使管理职能的基本手段。

6.管理目标

消防工作管理的过程就是从选择最佳消防安全目标开始到实现最佳消防安全目标的过程。

消防工作管理的最佳安全目标是指某系统的使用功能、运转时间、投入成本等已规定的条件下，火灾发生的危险性（火灾发生频率）和火灾造成的危害性（火灾人员死亡率、火灾人员负伤率、火灾经济损失率）为最低程度。

系统的使用功能通常有高低强弱之分，高科技尖端技术比一般民用技术的使用功能要强，高级宾馆或大型商场比一般居民住宅的使用功能要强。系统的运转时间通常有长短之分，设备系统的使用寿命或大检修周期的时间长短取决于设备系统的质量好坏，质量的好坏又取决于投入成本的多少。

通常，若某系统要求使用功能强、运转时间长，则投入成本就必然多，这就要求消防安全的投入成本也应该较多。系统消防安全思想认为，世界上不存在绝对的消防安全场所，通常不能要求某一个城市或工厂永远也不发生火灾事故，在使用功能、运转时间、投入成本等规定条件下，只要是火灾发生的危险率和火灾造成的危害率减少到最低限度或社会公众所能容许的限度即达到了最佳消防安全目标。

（四）消防工作的管理职能

1.决策和计划

决策和计划是消防工作管理的首要职能。

决策是消防工作管理中的重要功能。它是人们针对消防安全的状况，运用科学管理理论和方法，系统地分清主、客观条件，提出各种可行方案，并从中选择出最佳方案的活动。它是整个管理活动的前提，也是其他各项管理职能的基础，它不只表现在管理开始阶段，而且贯穿于整个管理功能的始终及各个方面。

计划职能包括预测未来、确定目标、决定方针、选择方案、拟定议案、制定措施。

消防工作的管理活动需要在各级政府的领导下，按照需要和本身条件，确定短期和长期的奋斗目标，以及如何实现这些目标的程序和办法。有了目标，须用科学的计划去实现。为此，要在调查研究的基础上，根据有关资料、数据的统计分析，进行预测，实事求是的决策、做计划。将工作目标和任务分解给各部门、单位以至个人的具体目标和任务，相互衔接和协调，使计划起到指导消防管理活动的作用，以实现决策所预定的工作目标。

2.组织和指挥

计划制定后，就要付诸实施。组织就是通过一定的机构和人员把已经拟定的计划化为具体的执行活动，指导计划的落实。指挥就是在统一意志下，采取科学手段使各机构和各类人员在实现计划过程中发挥作用。

组织活动包括对机构的设置、调整和有效运用；定职责，建立规章制度，对工作人员的选拔、调配、培训和考核，使他们胜任组织机构中所确定的职务，把管理系统的各个资源，各个环节合理地组织起来。指挥活动包括对具体工作的推进和督导，适当地分权和授权；指挥下级履行职责；对下级请示的问题给予及时具体的指导和帮助，及时解决工作中遇到的各种问题；为下级完成工作任务提供保障和服务，使组织体系运转起来，落实计划和完成任务。

3. 监督和控制

在执行计划过程中，管理者必须经常性地监督和控制计划的执行情况，即对计划目标的实现情况、组织工作的适应情况和领导指挥的实施情况进行监督和控制。通过检查、考核、评比、总结等形式和手段，及时考察实际情况并与原定目标、计划、规定、标准作对比，找出偏差，弄清原因，采取措施，加以纠正，或改变原定计划，以推动工作顺利进行。

消防监督有对内监督和对外监督之分。对内监督是指对消防机构内部的职能部门和人员工作的监督和检查。这种活动包括检查下级工作中有无偏离决策目标的情况；发现、总结、推广先进经验；考核下级的工作成果。对外监督是指对社会各部门、各单位和居民住宅的消防工作实行监督检查，履行国家赋予的消防监督职责。监督和检查可以分为两个方面：一方面是通过收集、加工、分析有关实现计划进程的资料情报，对活动中的数量、时间、质量等因素予以控制；另一方面是了解、掌握活动中的人事、组织、事务、方法等情况，对活动中的各种行为予以控制。

为了有效地发挥监督和控制的作用，必须建立管理信息反馈系统，要有切实可行的规章制度和明确的考核要求、考核标准。

4. 协调和配合

协调就是根据客观情况的发展变化，对出现的新问题、新矛盾，适时地进行调整、协调。协调包括根据发展变化了的情况，适时调整和修正原定的目标和计划方案；适时地调整和改善各部门之间、各要素之间、各环节之间的关系，建立纵向、横向间的良好配合关系。协调分为纵向的和横向的，内部的和外部的。纵向协调是指上下级之间的活动协调，横向协调是指职能部门之间、同级各部门之间活动的协调；内部协调是指消防部门内部所进行的协调职能，外部协调则指消防部门与其他单位之间进行的协调职能。通过建立良好的配合关系，消除彼此脱节、形成互补衔接的现象，有效地实现工作目标。做好协调的关键在于使全体人员对本单位的目标、计划和规章制度等都能清楚了解，树立全局观念，互相协作、支援，克服本位主义。

5. 指导和咨询

指导职能是指消防机构主动对社会各单位给予消防安全工作的指导。例如，主动帮助指导单位建立健全消防管理机构、建立健全消防安全规章制度、建立防火档案、制定灭火作战计划，为改善消防安全环境出主意、想办法等。

咨询职能通常是指社会各单位查询有关消防安全技术措施、国家或地方消防法规、规定的具体事宜，以及消防安全管理方面的具体事宜等问题或疑问时，消防机构应当无偿地提供咨询服务。

这两种职能既可起到消防工作社会化窗口的作用，又可具体指导和帮助各单位搞好消防安全工作，从而有助于密切消防机构同社会各单位、人民群众的联系。

6. 教育和奖惩

消防的各项工作都需要人来执行和管理，并取决于单位的主动性和各方面人员的政治觉悟和工作技能。为调动一切积极因素。必须加强思想政治工作，启发和提高人们的社会主义觉悟，鼓励和保护他们的积极性和创造性，为保障消防工作做贡献。为此，要采取多种形式，培训和提高各级人员的文化、技术和业务水平。要坚持物质利益原则，结合每个人实绩大小和表现得好与差，将消防工作同经济利益挂钩，赏功罚过，发扬成绩，吸取教训，提高人们的消防意识，自觉做好消防工作。

二、消防工作的文化

（一）消防工作文化内涵

文化既是一个民族多年传承和沉淀的精神文明，也是象征一个国家综合国力的重要标志。消防工作的文化代表了现阶段我国消防工程行业的发展情况，是衡量我国消防事业发展进步的重要标志。随着中华民族文化几千年的发展与进步，我国消防文化也日益成熟，涵盖了以消防为核心的多种生活方式和行为方式，如日常生活中的用火常识、消防安全意识、火场中逃生与规避伤害的经验、消防器具的使用等。相比于其他行业文化，消防工作的文化具有更强的特殊性和专业性，它是无数人火灾经历的总结，包含着前人从惨痛的火灾案例中总结的经验教训。

（二）消防工作文化作用

消防工作的文化是我国消防事业健康发展的重要推动力。消防工作文化具有丰富的内容和多样的表达形式，各种以消防文化为主题的科教节目不仅能够潜移默化地提升消防人员专业素养，还有助于舒缓他们忙碌紧张的心情，提高消防工作效率。丰富多彩的文化宣传活动，不仅能够吸引越来越多的群众关注消防，提升社会的整体安全度，还能够通过消防人员和普通群众之间的互动，加深群众对消防知识的认知和理解，拉近彼此的关系，加强社会对消防安全的重视度和凝聚力，推动全民消防的发展进程。

（三）消防工作文化建设

1.校园消防文化建设

校园是传播知识的重要阵地，也是容易发生火灾、产生重大影响的地方。加强校园消防安全文化的建设，提升学生的消防安全意识，是加强消防工作文化建设的重要内容和途径。现阶段，校园火灾原因主要有以下几方面：首先，学校实行集中住宿制，人员密度较大，如果发生火灾，极易造成群体性伤害，所产生后果不堪设想；其次，校园宿舍中可能存在多个火源，消防隐患多且不易管理，并且宿舍可燃物多、空间狭小，相较于普通住宅更易形成火灾；最后，学生尚未形成健全完善的防火意识、自我保护意识，缺乏火场逃生经验，在突发火灾过程中容易产生慌乱情况。

2. 居民社区消防文化建设

居民社区也是火灾频发场所之一，大部分社区火灾是由于电路过载、短路等情况造成的，而且社区人员密集、易燃物众多，一旦发生火灾，火势蔓延迅速。因此，在居民社区开展消防文化建设工作刻不容缓，以此提高居民消防安全意识，有利于提升居民区的整体消防安全水平。在开展居民社区的消防文化建设工作时，可以通过设立消防安全文化专栏；邀请消防专业人员进行消防教育与培训；集体参观消防站，了解消防设施使用方法；定期开展火灾疏散演习等方式，提高居民对消防安全认识和了解程度，促进居民掌握基础消防技能，积累火场逃生的经验。

3. 企业消防文化建设

企业是火灾的高发场所之一，作为社会经济活动的主要场所，一旦发生火灾后果不堪设想。加强企业消防文化建设，需根据企业自身实际情况，建立适合企业发展的消防安全文化，将消防安全作为企业安全的关键环节，将消防安全管理纳入企业正常运营管理之中，加强企业消防安全资金投入和对企业员工的消防安全教育，加深企业员工对消防安全的认识和理解，提升企业员工的消防安全意识，养成注重消防安全的习惯，从根本上减少火灾的发生。

（四）消防工作文化宣传

消防工作是城市安全的守护者，是维护人民生命财产安全的重要力量。为了提高全民消防意识，加强消防工作文化的传承，积极倡导构建安全之城的理念，让每个人都成为消防文化的传播者和参与者。

1.弘扬消防精神，共建安全之城

消防精神是中华民族的宝贵精神财富，代表着团结协作、救死扶伤、勇往直前的优良品质。要通过宣传故事、演绎实例，向全社会传达消防精神的核心价值，激发市民对消防工作的关注和参与，共同构建安全之城。

2.提高消防知识，强化安全防范

安全防范是消防工作的基石。将积极组织开展消防知识培训、演练活动，提高市民的火灾防控意识和自救逃生能力。通过多种形式的宣传，普及消防设施的正确使用方法、家庭防火知识和火灾应急处置技巧，使每个市民都能成为家庭和社区的安全守护者。

3.倡导文明用火，减少火灾隐患

火灾隐患往往隐藏在生活的细节中。将倡导市民文明用火的意识，加强火源管理，禁止乱扔烟蒂、私拉乱接电线等不安全行为，减少火灾发生的可能性。同时，鼓励市民安装火灾报警器和灭火器等消防设备，提高火灾发生时的及时处置能力。

4.加强社区共治，共同推进消防工作

消防工作需要社区居民的共同参与和支持。积极组织居民参与社区消防巡查、安全检查等活动，提升居民的消防安全意识和责任心。通过开展消防安全知识讲座、宣传展览等形式，加强社区居民的消防宣传教育，共同推进消防工作的开展。

5.营造宣传氛围，持续推进消防工作

宣传工作需要持续不断地进行，通过多种媒体渠道、宣传栏、社交媒体等手段，传播消防工作的重要性和成果，提高市民对消防工作的认知度和参与度。同时，倡导市民互助互爱、守望相助的消防文化，构建一个风清气正的社会环境。

第二章　燃烧、火灾、爆炸知识

第一节 燃烧的基础知识

一、燃烧及燃烧条件

（一）燃烧的定义

燃烧，是指可燃物与氧化剂作用发生的放热反应，通常伴有火焰、发光和（或）发烟现象。燃烧过程中，燃烧区的温度较高，使其中白炽的固体粒子和某些不稳定（或受激发）的中间物质分子内电子发生能级跃迁，从而发出各种波长的光。发光的气相燃烧区就是火焰，它是燃烧过程中最明显的标志。由于燃烧不完全等原因，会使产物中产生一些小颗粒，这样就形成了烟。

（二）燃烧的条件

燃烧可分为有焰燃烧和无焰燃烧。通常看到的明火都是有焰燃烧；有些固体发生表面燃烧时，有发光发热的现象，但是没有火焰产生，这种燃烧方式则是无焰燃烧。燃烧的发生和发展，必须具备三个必要条件，即可燃物、助燃物（氧化剂）和引火源（温度）。当燃烧发生时，上述三个条件必须同时具备，如果有一个条件不具备，那么燃烧就不会发生。

1. 可燃物

凡是能与空气中的氧或其他氧化剂起化学反应的物质，均称为可燃物，如木材、氢气、汽油、煤炭、纸张、硫等。可燃物按其化学组成，分为无机可燃物和有机可燃物两大类；按其所处的状态，又可分为可燃固体、可燃液体和可燃气体三大类。

2. 助燃物（氧化剂）

凡是与可燃物结合能导致和支持燃烧的物质，称为助燃物，如广泛存在于空气中的氧气。普通意义上，可燃物的燃烧均是指在空气中进行的燃烧。在一定条件下，各种不同的可燃物发生燃烧，均有本身固定的最低氧含量要求，氧含量过低，即使其他必要条件已经具备，燃烧仍不会发生。

3. 引火源（温度）

凡是能引起物质燃烧的点燃能源，统称为引火源。在一定条件下，各种不同可燃物发生燃烧，均有本身固定的最小点火能量要求，只有达到一定能量才能引起燃烧。常见的引火源有以下五种。

（1）明火。明火是指生产、生活中的炉火、烛火、焊接火、吸烟火，撞击、摩擦打火，机动车辆排气管火星、飞火等。

（2）电弧、电火花。电弧、电火花是指电气设备、电气线路、电气开关及漏电打火，电话、手机等通信工具火花，静电火花（物体静电放电、人体衣物静电打火、人体积聚静电对物体放电打火）等。

（3）雷击。雷击瞬间高压放电能引燃任何可燃物。

（4）高温。高温是指高温加热、烘烤、积热不散、机械设备故障发热、摩擦发热、聚焦发热等。

（5）自燃引火源。自燃引火源是指在既无明火又无外来热源的情况下，物质本身自行发热、燃烧起火，如白磷、烷基铝在空气中会自行起火；钾、钠等金属遇水着火；易燃、可燃物质与氧化剂、过氧化物接触起火等。

二、燃烧类型

按照燃烧形成的条件和发生瞬间的特点，燃烧可以分为着火和爆炸。

（一）着火

可燃物在与空气共存的条件下，当达到某一温度时，与引火源接触即能引起燃烧，并在引火源离开后仍能持续燃烧，这种持续燃烧的现象称为着火。着火就是燃烧的开始，并且已出现火焰为特征。着火是日常生活中最常见的燃烧现象。可燃物的着火方式一般分为以下两类。

1. 点燃（或称强迫着火）

点燃是指由于从外部能源，诸如电热线圈、电火花、炽热质点、点火火焰等得到能量，使混气的局部范围受到强烈的加热而着火。这时就会在靠近引火源处引发火焰，然后依靠燃烧波传播到整个可燃混合物中，这种着火方式也习惯上成为引燃。

2. 自燃

可燃物质在没有外部火花、火焰等引火源的作用下，因受热或自身发热并蓄热所产生的自然燃烧，称为自燃。即物质在外界引火源条件下，由于其本身内部所发生的生物、物理或化学变化而产生热量并积蓄，使温度不断上升，自然燃烧起来的现象。自燃点是指可燃物发生自燃的最低温度。

（1）化学自燃。例如，金属钠在空气中自燃；煤因堆积过高而自燃等。这类着火现象通常不需要外界加热，而是在常温下依据自身的化学反应发生的，因此习惯上称为化学自燃。

（2）热自燃。如果将可燃物和氧化剂的混合物预先均匀地加热，随着温度的升高，当混合物加热到某一温度时便会自动着火（这时着火发生在混合物的整个容积中），这种着火方式习惯上称为热自燃。

（二）爆炸

爆炸是指物质由一种状态迅速地转变成另一种状态，并在瞬间以机械功的形式释放出巨大的能量，或是气体、蒸气瞬间发生剧烈膨胀等现象。爆炸最重要的一个特征是爆炸点周围发生剧烈的压力突变，这种压力突变就是爆炸产生破坏作用的原因。

三、燃烧产物

（一）燃烧产物的概念

由燃烧或热解作用产生的全部物质，称为燃烧产物，有完全燃烧产物和不完全燃烧产物之分。完全燃烧产物是指可燃物中的C（碳）被氧化生成CO_2（气）、H（氢）被氧化生成H_2O（液）、S（硫）被氧化成SO_2（气）等。而Co（钴）、NH_3（氨气）、醇类、醛类、醚类等是不完全燃烧产物。燃烧产物的数量、组成等随物质的化学组成及温度、空气的供给情况等的变化而不同。

燃烧产物中的烟主要是燃烧或热解作用所产生的悬浮于大气中能被人们看到的直径一般在10^{-7}～10^{-4}cm的极小的炭黑粒子，大直径的粒子容易由烟中落下来称为烟尘或炭黑。碳粒子的形成过程比较复杂。例如，碳氢可燃物在燃烧过程中，会因你受热裂解产生一系列中间产物，中间产物还会进一步裂解成更小的碎片，这些小碎片会发生脱氢、聚合、环化等反应，最后形成石墨化碳粒子，构成了烟。

（二）几类典型物质的燃烧产物

按照构成状态可将物质分为纯净物和混合物。由一种物质构成的称为纯净物（只能写出一个化学分子式的），由不同物质构成的称为混合物。

1. 高聚物的燃烧产物

有机高分子化合物（简称高聚物），主要是以煤、石油、天然气为原料制得的，如塑料、橡胶、合成纤维、薄膜和涂料等。其中，塑料、橡胶和纤维是人们熟知的三大合成有机高分子化合物，其应用广泛而且

容易燃烧。高聚物在燃烧（或分解）过程中，会产生CO、NO_x（氮氧化物）、HCl、HF、SO_2及$COCl_2$（光气）等有害气体，对火场人员的生命安全构成极大的威胁。

2. 木材和煤的燃烧产物

木材、煤等固体是火灾中最常见的可燃物质。它们是由多种元素组成的、复杂天然高聚物的混合物、成分不单一，并且是非均质的。

（1）木材的燃烧产物。木材的主要成分是纤维素、半纤维素和木质素，主要组成元素是碳、氧、氢和氮。各主要成分在不同温度下分解并释放挥发物，一般为半纤维素200～260℃分解；纤维素240～350℃分解；木质素280～500℃分解。当木材接触火源时，加热到约110℃时就被干燥并蒸发出极少量的树脂；加热到130℃时开始分解，产物主要是水蒸气和二氧化碳；加热到220～250℃时开始变色并炭化，分解产物主要是一氧化碳、氢气和碳氢化合物；加热到300℃以上，有形结构开始断裂，在木材表面垂直于纹理方向上木炭层出现小裂纹，这就使挥发物容易通过炭化层表面逸出。随着炭化深度的增加，裂缝逐渐加宽，结果产生"龟裂"现象。此时木材发生剧烈的热分解。表2-1列出了一般木材在不同温度下分解产生的气体组成。

表2-1 木材在不同温度下分解产生的气体组成

温度/℃	气体成分（体积分数/%）				
	CO_2	CO	CH_4	C_2H_4	H_2
300	56.07	40.17	3.76	—	—
400	49.36	34.00	14.31	0.86	1.47
500	43.20	29.06	21.72	3.68	2.34
600	40.98	27.20	23.42	5.74	2.66
700	38.56	25.19	24.94	8.50	2.81

（2）煤的燃烧产物。煤主要由 C、H、O、N 和 S 等元素组成。一般情况下，煤在低于 105 ℃时，主要析出其中的吸留气体和水分；200 ～ 300℃时开始析出 CO、CO_2 等气态产物，煤粒变软成为塑性状态；300 ～ 550℃时开始析出焦油和 CH_4 及其同系物、不饱和烃及 CO、CO_2 等气体；半焦在 500 ～ 750℃时开始热解，并析出大量含氢较多的气体；760 ～ 1 000℃时半焦继续热解，析出少量以氢为主的气体，半焦变成高温焦炭。

3. 金属的燃烧产物

金属的燃烧能力取决于金属本身及其氧化物的物理、化学性质。根据熔点和沸点不同，通常将金属分为挥发金属和不挥发金属。

挥发金属（如 Li、Na、K 等）在空气中容易着火燃烧，熔融成金属液体，它们的沸点一般低于其氧化物的熔点（K 除外），因此在其表面能够生成固体氧化物。由于金属氧化物的多孔性，金属继续被氧化和加热，经过一段时间后，金属被融化并开始蒸发，蒸发出的蒸气通过多孔的固体氧化物扩散进入空气。

不挥发金属因其氧化物的熔点低于金属的沸点，则在燃烧时熔融金属表面形成一层氧化物。这层氧化物在很大程度上阻碍了金属和空气中氧的接触，从而减缓了金属被氧化。但这类金属在粉末状、气溶胶状、刨花状时在空气中燃烧进行得很激烈，并且不生成烟。

（三）燃烧产物的危害性

燃烧产物中含有大量的有毒成分，如 CO、HCN、SO_2、NO_2 等，这些气体对人体有不同程度的危害。常见的有害气体的来源、生理作用见表 2-2。

表 2-2 一些主要有害气体的来源、生理作用

来源	主要的生理作用
纺织品、聚丙烯腈尼龙、聚氨酯等物质燃烧时分解出的氰化氢（HCN）	一种迅速致死、窒息性的毒物
纺织物燃烧时产生二氧化氮（NO_2）和其他氮的氧化物	肺的强刺激剂，能引起即刻死亡及滞后性伤害
由木材、丝织品、尼龙燃烧产生的氨气（NH_3）	强刺激性，对眼、鼻有强烈刺激作用
PVC 电绝缘材料，其他含氯高分子材料及阻燃处理物热分解产生的氯化氢（HCI）	呼吸刺激剂，吸附于微粒上的 HCI 的潜在危险性较之等量的 HCI 气体要大
氟化树脂类及某些含溴阻燃材料热分解产生的含卤酸气体	呼吸刺激剂
含硫化合物及含硫物质燃烧分解产生的二氧化硫（SO_2）	强刺激剂，在远低于致死浓度下即使人难以忍受
由聚烯烃和纤维素低温热解（400℃）产生的丙醛	潜在的呼吸刺激剂

二氧化碳和一氧化碳是燃烧产生的两种主要燃烧产物。其中，二氧化碳虽然无毒，但当达到一定的浓度时，会刺激人的呼吸中枢，导致呼吸急促，烟气吸入量增加，并且还会引起头痛、神志不清等症状。而一氧化碳是火灾中主要燃烧物之一，其毒性在于对血液中血红蛋白的高亲和性，其对血红蛋白的亲和力比氧气高出 250 倍，因而，它能够阻碍人体血液中氧气的输送，引起头痛、虚脱、神志不清等症状和肌肉调节障碍等。一氧化碳对人的影响见表 2-3。

表 2-3　一氧化碳对人的影响

影响情况	CO浓度/ppm	碳氧血红蛋白浓度/%
在其中工作 8h 的允许浓度	50	—
暴露 1h 不产生明显影响的浓度	400 ～ 500	—
1h 暴露后有明显影响的浓度	600 ～ 700	—
1h 暴露后引起不适，但无危险症状的浓度	1 000 ～ 1 200	—
暴露 1h 后有危险的浓度	1 500 ～ 2 000	35

除毒性之外，燃烧产生的烟气还具有一定的减光性。通常可见光波长（λ）为 0.4 ～ 0.7μm，一般火灾烟气中的烟粒子粒径（d）为几微米到几十微米，由于 d＞2λ，烟粒子对可见光是不透明的。烟气在火场中弥漫，会严重影响人们的视线，使人们难以辨别火势发展方向和寻找安全疏散路线。同时，烟气中有些气体对人的眼睛有极大的刺激性，降低能见度。

第二节　火灾的基础知识

一、火灾概述

（一）火灾的定义

《消防词汇 第 1 部分：通用术语》（GB/T5907.1-2014）中火和火灾定义如下：火是以释放热量并伴有烟或火焰或者两者兼有为特征的燃烧现象。火灾是在时间或空间上失去控制的燃烧所造成的灾害。

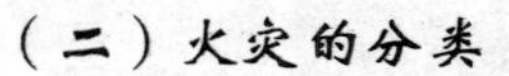

根据可燃物的类型和燃烧特性，可将火灾分为A、B、C、D、E、F六类。

A类火灾：指固定物质火灾。这种物质通常具有有机物质性质，一般在燃烧时能产生灼热的余烬，如木材、煤、棉、毛、麻、纸张等火灾。

B类火灾：指液体或可溶化的固溶体物质火灾，如煤油、柴油、原油、甲醇、乙醇、沥青、石蜡等火灾。

C类火灾：指气体火灾，如煤气、天然气、甲烷、乙烷、丙烷、氢气等火灾。

D类火灾：指金属火灾，如钾、钠、镁、铝镁合金等火灾。

E类火灾：指带电火灾。物体带电燃烧的火灾。

F类火灾：指烹饪器具内的烹饪物（如动植物油脂）火灾。

（三）火灾等级划分

火灾等级分为特别重大火灾、重大火灾、较大火灾和一般火灾四个等级。

1.特别重大火灾

特别重大火灾是指造成30人以上死亡，或者100人以上重伤，或者1亿元以上直接财产损失的火灾。

2.重大火灾

重大火灾指造成10人以上30人以下死亡，或者50人以上100人以下重伤，或者5 000万元以上1亿元以下直接财产损失的火灾。

3.较大火灾

较大火灾是指造成3人以上10人以下死亡，或者10人以上50人以下重伤，或者1 000万元以上5 000万元以下直接财产损失的火灾。

4. 一般火灾

一般火灾是指造成3人以下死亡，或者10人以下重伤，或者1 000万元以下直接财产损失的火灾。

（四）常见场所火灾特点

1. 高层建筑火灾特点

（1）蔓延途径多，易形成立体火灾。竖向管井与通道、共享空间，玻璃幕墙缝隙等部位，易产生“烟囱”效应，烟火流动速度快；外部风力作用会加剧火势蔓延；高强度热辐射会引起邻近建筑物燃烧。

（2）人员疏散困难，灭火救援难度大。火灾中，浓烟、毒气及其他燃烧产物易造成人员呼吸困难，甚至窒息、中毒死亡；内部温度高、烟气浓、能见度低，灭火救援人员难以深入内部，实施有效的人员救助及灭火战斗行动；楼层高，消防移动作战装备器材难以发挥作用；被困人员易惊慌失措，可供疏散逃生的通道少，容易造成大量人员伤亡。

（3）玻璃幕墙破碎，极易造成地面人员伤亡和破坏地面消防车辆及供水器材，影响灭火进程。

2. 大型商场火灾特点

（1）火势猛烈、蔓延迅速。烟火沿柜台、货架、立体堆垛的货物和吊顶向水平方向蔓延迅速，特别是向楼梯间和低燃点商品方向发展的速度十分明显；多数新建大型商场设有大面积立体共享空间，火灾中“烟囱”效应强，同时，火势还可沿楼梯间、内装修或堆积的可燃商品，以及沿外墙窗口向上蔓延，在很短的时间内便可形成立体燃烧。毗邻的大型商场发生火灾时，在大风的作用下容易向毗邻的建筑蔓延，使火灾出现跳跃性发展。

（2）烟雾浓、毒性大，易造成人员伤亡。大量的棉、毛、化纤织物、塑料商品和部分药品燃烧时，会产生大量烟雾或析出有毒气体，危害现场人员安全；人员密集，通道不畅，发生火灾时极易出现拥挤、堵塞现象，导致大量人员伤亡；另外，玻璃幕墙碎裂下落，易伤害地面人员和损坏火场供水器材，导致火场供水中断。

（3）扑救火灾难度大。内部布局复杂，人员缺乏方向感，疏散困难；火势猛，温度高，燃烧面积大，分割战术很难实施；当救人、疏散、灭火同步进行时，所需兵力多指挥难度大：用水数量多易给商品造成水渍损失。

3. 地下商场火灾特点

（1）起火点隐蔽。发生火灾时，烟雾很快充满地下空间，深入地下的侦查人员视线不清，加之通道曲折、狭窄、柜台多，起火点难以发现。

（2）烟雾浓，久聚不散。可燃物质多，空气流通不畅，造成物质燃烧不充分，发烟量大、烟雾浓；通风口少，烟雾流通受限，使浓烟扩散极其缓慢。

（3）高温增压，易造成火势蔓延。火灾中地下商场内的压力随着温度升高而增大，高温烟气在压力作用下，在内部向四周迅速扩散，从而加热蔓延途径内的可燃物使其达到着火点，造成火势蔓延。

（4）疏散困难，易造成人员伤亡。发生火灾时，大量被困人员心理惊慌、互相拥挤，大多数人员集中在出入口处，使疏散通道堵塞；建筑内产生的大量浓烟、毒气等燃烧产物，易造成被困人员因窒息、中毒而伤亡。

（5）灭火救援难度大。浓烟、毒气弥漫，使实施灭火行动人员呼吸和视线受到限制，深入地下内攻艰难；通道曲折狭窄，水枪射流受角度影响不能充分发挥作用，灭火救援战斗时间长；火场通信联络困难，指挥员不能及时掌握情况，不能及时下达行动命令。

4. 影剧院火灾特点

（1）燃烧猛烈，蔓延迅速。影剧院内部空间大，有大量的可燃物，一旦发生火灾，如果在 5 ～ 10min 内不能控制火势，就可能使火势发展到猛烈燃烧阶段。

（2）建筑物易坍塌。影剧院属于大跨度建筑，多数采用钢质结构。火灾中带有闷顶的钢质屋架，在高温的作用下 20 ～ 30min 即可失去承重能力，造成钢屋架的整体坍塌。木质结构的影剧院发生火灾时，火势一旦烧窜屋面，在同样的时间内也会造成木屋架的坍塌。

（3）一处着火，多处流窜。建筑时间较早的影剧院，其内部舞台、观众厅、放映厅（前厅）通常都是相互连通的。发生火灾后，火势凭借良好的通风条件，就会造成一处着火，多处燃烧的情况。

（4）易造成人员伤亡。影剧院营业时，通常聚集着大量人员，发生火灾时，人员惊慌失措，争相逃难，往往造成出入口的堵塞，使多数遇险人员一时难以迅速脱离火场，在浓烟、毒气、高温的情况下易造成大量人员伤亡。

5. 医院火灾特点

（1）人员疏散任务重，难度大。住院部患者多，行动困难；楼层走廊内经常放置临时床位，致使通道不畅，疏散困难；病人遇火灾易加重病情，个别危重病人易突发病症，造成突然死亡，加大人员救助的难度。

（2）药房起火烟雾浓，毒性大。药房、药库及制药车间发生火灾，易产生大量的烟雾，同时，伴有许多有害气体及蒸气的产生，危害现场人员。

（3）烟雾四处流窜，易造成火势蔓延。连通式建筑的医院发生火灾后，大量的烟雾会沿走廊、通道四处流窜，危害其他房间及楼层人员安全。并且易造成火势蔓延。

（4）灭火行动困难。格局复杂，通道狭窄，战斗展开艰难；室外交通拥挤，消防车辆行动困难，举高消防车不易发挥作用；精密仪器多，其房间燃烧不宜用水扑救，灭火方法要求高；个别室内存有放射性和有毒物质，一旦发生泄漏，消防员易受到伤害。

6. 露天堆垛仓库火灾特点

（1）火势发展猛烈。露天堆垛存放的物资大都是可燃物，起火后火势发展迅速，燃烧猛烈。

（2）飞火飘落，燃烧面积大。棉、麻、草、苇、木材等物质密度低、质地疏松，在大风或火场热气流的作用下，燃烧碎片或燃烧纤维团被抛向空中，飘落到其他堆垛或可燃物上，会造成大面积火灾。

（3）棉、麻、草、苇纤维内含有一定的空气，具有阴燃特点，火灾中，火势会从堆垛的外层通过缝隙燃烧到内部形成阴燃状态，不易将火灾彻底扑灭。

（4）扑救时间长。为消灭堆垛内部的阴燃火势，需逐垛检查，边翻垛、边浇水、边疏散，要经过较长时间才能彻底消灭火灾。

用水量大。燃烧物质集中，火场面积大，灭火持续时间长，灭火用水量增多。

二、火灾成因

（一）通用的火灾成因

火源接触可燃物：明火、电火花、高温表面等直接接触可燃物质，引发火灾。

电气问题：电线老化、电路超负荷、电器设备故障等导致电气火灾。

疏忽和不当行为：抽烟乱丢烟蒂、玩火、不正确使用和存放易燃物品等不慎行为引发火灾。

燃气泄漏：煤气、液化石油气等燃气泄漏，遇到点火源引发爆炸和火灾。

自然灾害：雷击、地震等自然灾害引发的火灾。

（二）场所常见的火灾成因

住宅和公寓：电器故障、电炉、燃气炉不正确使用、烟雾报警器故障等。

商业建筑和办公场所：电器故障、电路过载、热水器和热风机故障、电焊操作不当等。

工厂和生产场所：机器设备故障、火焰切割操作、化学品泄漏等。

酒店和餐厅：厨房设备故障、明火烹饪、烟道清洗不及时等。

学校和教育机构：电器设备故障、学生玩火、实验室事故等。

三、火灾扑救

（一）火灾扑救——报警

任何人发现火灾都应当立即报警。任何单位、个人都应当无偿为报警提供便利，不得阻拦报警。严禁谎报火警。

1. 报火警的方法

（1）向单位和周围的人群报警。

①使用手动报警设备报警，如电话、警铃、汽笛等。

②派人到单位（地区）的专职消防队报警。

③使用有线广播报警。

④农村可以使用敲锣等方法报警。

⑤大声呼喊报警。

（2）向消防报警。拨打火警电话向消防队报警。

2. 报火警的内容

在拨打火警电话向消防队报火警时，必须讲清以下内容。

（1）发生火灾单位或个人的详细地址。主要包括街道名称、门牌号码、靠近何处、附近有无明显的标志；农村发生火灾要讲明县、乡

（镇）、村庄名称；大型企业要讲明分厂、车间或部门；高层建筑要讲明第几层等。总之，地址要讲得明确、具体。

（2）火灾概况。主要包括起火时间；燃烧物的性质、火灾的类型，如液化石油气、汽油、化学试剂等；火势的大小，如只见冒烟、有火光、火势猛烈、有多少间房屋着火等；是否有人员被困、有无爆炸和毒气泄漏等。

（3）报警人的基本情况。主要包括姓名及所用电话的号码，以便消防部门电话联系，了解火场情况。报警之后，还应派人到路口接应消防车。

（二）火灾扑救——原则

1. 救人第一的原则

救人第一原则，是指火场上如果有人受到火势威胁，企事业单位消防队员的首要任务就是把被大火围困的人员抢救出来。运用这一原则，要根据火势情况和人员受火势威胁的程度而定。在灭火力量较强时，人未救出之前，灭火是为了打开救人通道或减弱火势对人员威胁程度，从而更好地为救人脱险、及时扑灭火灾创造条件。在具体实施救人时应遵循“就近优先，危险优先，弱者优先”的基本要求。

2. 先控制、后消灭的原则

先控制、后消灭，是指对于不可能立即扑灭的火灾，要首先控制火势的继续蔓延扩大，在具备了扑灭火灾的条件时，再展开全面进攻，一举消灭。义务消防队灭火时，应根据火灾情况和本身力量灵活运用这一原则。对于能扑灭的火灾，要抓住战机，就地取材，速战速决；如火势较大，灭火力量相对薄弱，或因其他原因不能立即扑灭时，就要把主要力量放在控制火势发展或防止爆炸、泄漏等危险情况发生上，以防止火势扩大，为彻底扑灭火灾创造有利条件。先控制，后消灭，在灭火过程中是紧密相连的两个环节，只有首先控制住火势，才能迅速将火灾扑灭。

控制火势要根据火场的具体情况，采取相应措施。火场上常见的做法有以下四种。

（1）建筑物失火。当建筑物一端起火向另一端蔓延时，可从中间适当部位控制；建筑物的中间着火时，应从两侧控制，以下风方向为主；发生楼层火灾时，应从上下控制，以上层为主。

（2）油罐失火。油罐起火后，要冷却燃烧罐，以降低其燃烧强度，保护罐壁；同时要注意冷却邻近罐，防止因温度升高而爆炸起火。

（3）管道失火。当管道起火时，要迅速关闭阀门，以断绝原料源；堵塞漏洞，防止气体扩散，液体流淌；同时要保护受火势威胁的生产装置、设备等。不能及时关闭阀门或阀门损坏无法断料时，应在严密保护下暂时维护稳定燃烧，并立即设法导流、转移。

（4）易燃易爆单位（或部位）失火。要设法消灭火灾，以排除火势扩大和爆炸的危险；同时要疏散保护有爆炸危险的物品，对不能迅速灭火和不易疏散的物品要采取冷却措施，防止受热膨胀爆裂或起火爆炸而扩大火灾范围。

货场堆垛失火。一垛起火，应阻止火势向邻垛蔓延；货区的边缘堆垛起火，应阻止火势向货区内部蔓延；中间垛起火，应保护周围堆垛，以下风方向扑救为主。

3. 先重点、后一般的原则

先重点、后一般，是就整个火场情况而言的。运用这一原则，要全面了解并认真分析火场的情况。

（1）人和物相比，救人是重点。

（2）贵重物资和一般物资相比，保护和抢救贵重物资是重点。

（3）火势蔓延猛烈的方面和其他方面相比，控制火势蔓延猛烈的方面是重点。

（4）有爆炸、毒害、倒塌危险的方面和没有这些危险的方面相比，处置这些危险的方面是重点。

（5）火场上的下风向与上风、侧风向相比，下风向是重点。

（6）可燃物资集中区域和这类物品较少的区域相比，这类物品的集中区域是保护重点。

（7）要害部位和其他部位相比，要害部位是火场上的重点。

（三）火灾扑救——方法

1. 冷却灭火法

冷却灭火法，是将灭火剂直接喷洒在可燃物上，使可燃物的温度降低到燃点以下，从而使燃烧停止。用水扑救火灾，其主要作用就是冷却灭火。一般物质起火，都可以用水来冷却灭火。

火场上，除用冷却法直接灭火外，还经常用水冷却尚未燃烧的可燃物质，防止其达到燃点而着火；还可用水冷却建筑构件、生产装置或容器等，以防止其受热变形或爆炸。

2. 隔离灭火法

隔离灭火法，是将燃烧物与附近可燃物隔离或者疏散开，从而使燃烧停止。这种方法适用于扑救各种固体、液体和气体火灾。

采取隔离灭火的具体措施很多。例如，将火源附近的易燃易爆物质转移到安全地点；关闭设备或管道上的阀门，阻止可燃气体、液体流入燃烧区；排除生产装置、容器内的可燃气体、液体，阻拦、疏散可燃液体或扩散的可燃气体；拆除与火源相毗连的易燃建筑结构，形成阻止火势蔓延的空间地带等。

3. 窒息灭火法

窒息灭火法，即采取适当的措施，阻止空气进入燃烧区，或惰性气体稀释空气中的氧含量，使燃烧物质缺乏或断绝氧而熄灭，适用于扑救封闭式的空间、生产设备装置及容器内的火灾。

火场上运用窒息法扑救火灾时，可采用石棉被、湿麻袋、湿棉被、沙土、泡沫等不燃或难燃材料覆盖燃烧或封闭孔洞；用水蒸气、惰性气体（如二氧化碳、氮气等）充入燃烧区域；利用建筑物上原有的门以及生产储运设备上的部件来封闭燃烧区，阻止空气进入。此外，在无法采取其他扑救方法而条件又允许的情况下，可采用水淹没（灌注）的方法进行扑救。但在采取窒息法灭火时，必须注意以下四点。

（1）燃烧部位较小，容易堵塞封闭，在燃烧区域内没有氧化剂时，适合于采取这种方法。

（2）在采取用水淹没或灌注方法灭火时，必须考虑到火场物质被水浸没后能否产生的不良后果。

（3）采取窒息方法灭火以后，必须确认火已熄灭，方可打开孔洞进行检查。严防过早地打开封闭的空间或生产装置，而使空气进入，造成复燃或爆炸。

（4）采用惰性气体灭火时，一定要将大量的惰性气体充入燃烧区，迅速降低空气中氧的含量，以达窒息灭火的目的。

4. 抑制灭火法

抑制灭火法，是将化学灭火剂喷入燃烧区参与燃烧反应，中止链反应而使燃烧反应停止。采用这种方法可使用的灭火剂有干粉和卤代烷灭火剂。灭火时，将足够数量的灭火剂准确地喷射到燃烧区内，使灭火剂阻断燃烧反应，同时还要采取冷却降温措施，以防复燃。

在火场上采取哪种灭火方法，应根据燃烧物质的性质、燃烧特点和火场的具体情况，以及灭火器材装备的性能进行选择。

（四）火灾扑救——灭火剂

1. 泡沫灭火剂

泡沫是一种体积较小，表面被液体包围的气泡群。火场上使用的灭火泡沫是由泡沫灭火剂的水溶液，通过物理、化学作用，充填大量气体（二氧化碳或空气）后形成的。通常使用灭火泡沫，发泡倍数的范围为

2 ～ 1 000，密度在 0.001 ～ 0.5。

（1）普通泡沫灭火剂。这类泡沫灭火剂适用于扑救 A 类火灾和 B 类火灾中的非极性液体火灾（包括蛋白泡沫灭火剂、氟蛋白泡沫灭火剂、水成膜泡沫灭火剂、化学泡沫灭火剂和合成泡沫灭火剂）。

（2）抗溶泡沫灭火剂。这类泡沫灭火剂适用于扑救 A 类火灾和 B 类火灾（包括金属皂型抗溶泡沫灭火剂、凝胶型抗溶泡沫灭火剂、抗溶氟蛋白泡沫灭火剂和抗溶化学泡沫灭火剂等）。

2. 干粉灭火剂

这类灭火剂是一种微细而干燥的、易于流动的固体粉末。

（1）普通干粉灭火剂。这类干粉灭火剂适用于扑救 B、C 类火灾和带电设备火灾（它主要是以碳酸氢钠为基料的干粉）。

（2）多用干粉灭火剂。这类干粉灭火剂适用于扑救 A、B，C 类火灾和带电设备火灾（它主要是以磷酸铵盐为基料的干粉）。

3. 卤代烷灭火剂

以卤素原子取代烷经分子中的部分或全部氢原子后得到的有机化合物的统称卤代烷。一些低级烷烧的卤代物具有程度不同的灭火作用，这些具有灭火作用的低级烷烃卤代烷称为卤代烷灭火剂（卤代烷灭火剂应用范围较广，并且灭火速度快、用量省、容易汽化、空间淹没性好、洁净、不导电、可靠期贮存不会变质，是一种优良的灭火剂）。这类气体由氟、氯、溴等卤素原子取代低级烷经（甲烷、乙烷）分子中氢原子后所得到的一类有机化合物。

4. 二氧化碳灭火剂

二氧化碳灭火剂是一种惰性气体，具有不燃烧、不助燃的性质，所以在燃烧区内稀释空气，减少空气的含氧量，从而降低燃烧强度。当二氧化碳在空气中的浓度达到 30% ～ 35% 时，就能使燃烧熄灭。

第三节　爆炸的基础知识

一、爆炸的定义

爆炸是一种极为迅速的物理或化学的能量释放过程。在此过程中，空间内的物质以极快的速度把其内部所含有的能量释放出来，转变成机械功、光和热等能量形态。所以一旦失控，发生爆炸事故，就会产生巨大的破坏作用。爆炸发生破坏作用的根本原因是构成爆炸的体系内存有高压气体或在爆炸瞬间生成的高温高压气体。爆炸体系和它周围的介质之间发生急剧的压力突变是爆炸的最重要特征，这种压力差的急剧变化是产生爆炸破坏作用的直接原因。

爆炸是某一物质系统在发生迅速的物理变化或化学反应时，系统本身的能量借助于气体的急剧膨胀而转化为对周围介质做机械功，通常同时伴随有强烈放热、发光和声响的效应。

爆炸的定义主要是指在爆炸发生当时产生的稳定爆轰波，也就是有一定体积的气体在短时间内以恒定的速率辐射性高速胀大（压力变化），没有指明一定要有热量或光的产生。例如，一种叫熵炸药TATP（三聚过氧丙酮炸药），其爆炸只有压力变化和气体生成，而不会有热量或光的产生。而爆炸音的产生，主要是源自于爆炸时所产生的气体膨胀速度高于音速所致。

空气和可燃性气体的混合气体的爆炸、空气和煤屑或面粉的混合物爆炸等，都由化学反应引起，而且都是氧化反应。但爆炸并不都与氧气有关，如氯气与氢气混合气体的爆炸，且爆炸并不都是化学反应，如蒸汽锅炉爆炸、汽车轮胎爆炸则是物理变化。

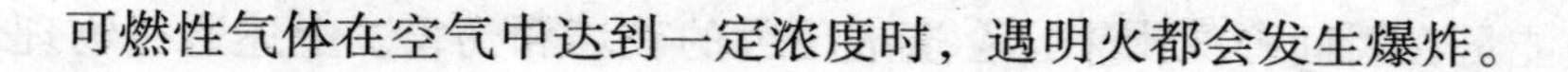

可燃性气体在空气中达到一定浓度时，遇明火都会发生爆炸。

二、爆炸的分类

（一）按初始能量划分

1. 核爆炸

由于原子核裂变或聚变反应，释放出核能所形成的爆炸。例如，原子弹、氢弹、中子弹的爆炸。

核爆炸发生后，先是产生发光火球，继而产生蘑菇状烟云。核武器在距地面一定高度的空中爆炸时，高温高压弹体迅猛向四周膨胀并以X射线辐射加热周围的冷空气。热空气吸收高温辐射所具有的特点使得加热、增压后的热空气团是一个温度大致均匀的球体，并且温度、压强具有突变的锋面，这个热空气团称为等温火球。火球一面向外发出光辐射，一面迅速膨胀，同时温度、压强逐渐下降。温度下降到3 000℃开始形成以40～50 km/s的速度向四周运动的冲击波，其阵面（也就是火球的锋面）仍然发光。冲击波形成后，火球内部的温度分布是表面低，向内逐渐升高，火球里面有一个温度均匀的高温核。冲击波阵面温度降低到略高于2 000℃时，冲击波脱离火球，并按力学规律向外传播，而后其阵面不再发光。

2. 物理爆炸

物理性爆炸是由物理变化（温度、体积和压力等因素）引起的，在爆炸的前后，爆炸物质的性质及化学成分均不改变。

锅炉的爆炸是典型的物理性爆炸，其原因是过热的水迅速蒸发出大量蒸汽，使蒸汽压力不断提高，当压力超过锅炉的极限强度时，就会发生爆炸。又如，氧气钢瓶受热升温，引起气体压力增高，当压力超过钢瓶的极限强度时即发生爆炸。发生物理性爆炸时，气体或蒸汽等介质潜藏的能量在瞬间释放出来，会造成巨大的破坏和伤害。上述这些物理性爆炸是蒸汽和气体膨胀力作用的瞬时表现，它们的破坏性取决于蒸汽或气体的压力。

3. 化学爆炸

化学爆炸是由化学变化造成的。化学爆炸的物质不论是可燃物质与空气的混合物，还是爆炸性物质（如炸药），都是一种相对不稳定的系统，在外界一定强度的能量作用下，能产生剧烈的放热反应，产生高温高压和冲击波，从而引起强烈的破坏作用。爆炸性物品的爆炸与气体混合物的爆炸有下列异同。

（1）爆炸的反应速度非常快。爆炸反应一般在 0 ～ 5s 或 0 ～ 6s 内完成，爆炸传播速度（简称爆速）一般在 2 000 ～ 9 000m/s。由于反应速度极快，瞬间释放出的能量来不及散失而高度集中，所以有极大的破坏作用。气体混合物爆炸时的反应速度比爆炸物品的爆炸速度要慢得多，数百分之一至数十秒内完成，所以爆炸功率要小得多。

（2）反应放出大量的热。爆炸时反应热一般为 2 900 ～ 6 300kJ/kg，可产生 2 400 ～ 3 400℃的高温。气态产物依靠反应热被加热到数千度，压力可达数万个兆帕，能量最后转化为机械功，使周围介质受到压缩或破坏。气体混合物爆炸后，也有大量热量产生，但温度很少超过 1 000℃。

（3）反应生成大量的气体产物。1kg 炸药爆炸时能产生 700 ～ 1 000L 气体，由于反应热的作用，气体急剧膨胀，但又处于压缩状态，数万个兆帕压力形成强大的冲击波使得周围介质受到严重破坏。气体混合物爆炸虽然也放出气体产物，但是相对来说气体量要少，而且因爆炸速度较慢，压力很少超过 2MPa。

（二）按反应相划分

按照爆炸反应的相的不同，爆炸可分为气相爆炸、液相爆炸和固相

爆炸。

1. 气相爆炸

包括可燃性气体和助燃性气体混合物的爆炸；气体的分解爆炸；液体被喷成雾状物引起的爆炸；飞扬悬浮于空气中的可燃粉尘引起的爆炸等。

2. 液相爆炸

包括聚合爆炸、蒸发爆炸以及由不同液体混合所引起的爆炸。例如，硝酸和油脂，液氧和煤粉等混合时引起的爆炸；熔融的矿渣与水接触或钢水包与水接触时，由于过热发生快速蒸发引起的蒸汽爆炸等。

3. 固相爆炸

包括爆炸性化合物及其他爆炸性物质的爆炸（如乙炔铜的爆炸）；导线因电流过载，由于过热，金属迅速气化而引起的爆炸等。

（三）按燃烧速度分

1. 轻爆

物质爆炸时的燃烧速度为每秒数米，爆炸时无多大破坏力，声响也不太大。例如，无烟火药在空气中的快速燃烧，可燃气体混合物在接近爆炸浓度上限或下限时的爆炸即属于此类。

2. 爆炸

物质爆炸时的燃烧速度为每秒十几米至数百米，爆炸时能在爆炸点引起压力激增，有较大的破坏力，有震耳的声响。可燃性气体混合物在多数情况下的爆炸，以及火药遇火源引起的爆炸等即属于此类。

3. 爆轰

物质爆炸的燃烧速度为爆轰时能在爆炸点突然引起极高压力，并产生超音速的“冲击波”。

由于在极短时间内发生的燃烧产物急速膨胀，像活塞一样挤压其周围气体，反应所产生的能量有一部分传给被压缩的气体层，于是形成的冲击波由它本身的能量所支持，迅速传播并能远离爆轰的发源地而独立存在，同时可引起该处的其他爆炸性气体混合物或炸药发生爆炸，从而发生一种“殉爆”现象。

三、爆炸极限

（一）爆炸极限的定义

可燃气体、蒸气或粉尘与空气混合后，遇火会产生爆炸的最高或最低的浓度，称为爆炸浓度极限（爆炸极限）。

在消防工作中主要用途是确定可燃气体、粉尘的火灾危险性，一般将爆炸下限小于10%定为甲类。将爆炸下限大于等于10%的定为乙类。

（二）影响爆炸极限的因素

通常所说的爆炸极限，如果没有标明就是爆炸浓度极限。影响爆炸极限的因素主要有初始温度、初始压力、惰性介质及杂质、混合物中含氧量、引火源等。

（1）初始温度越高，爆炸极限范围越大。

（2）初始压力升高，爆炸极限范围变大。

（3）混合物中加入惰性气体，爆炸极限范围缩小。

（4）混合物含氧量增加，爆炸下限降低，爆炸上限上升。

（5）充装混合物的容器管径越小，爆炸极限范围越小。

（6）引火源温度越高，热表面面积越大，与可燃混合物接触时间越长，则供给混合物的能量越大，爆炸极限范围也越大。

第三章　消防法律知识

第一节　消防法律法规的基本阐释

一、消防法律法规的概念和种类

（一）消防法律法规的概念

广义的消防法律法规是指国家机关规定的有关消防管理的一切规范性文件的总称。包括法律、行政法规、地方性法规、国务院部委规章、地方政府规章等。

狭义的消防法律法规是指国务院或者有立法权的地方人大及其常委会制定的有关消防管理的规范性文件。

（二）消防法律法规的种类

按照消防法律法规批准或颁布机关的权利大小，通常可以将消防法律法规分成以下五大类别。

1. 消防法律

由全国人大及其常委会批准或颁布。例如，《消防法》是由全国人大常委会批准通过的。从消防法规的渊源或法源上分析，我国有关消防管理的法律规范条款还散见于各类法律文件中。例如，对于违反消防管理行为的刑事处罚应该遵循《中华人民共和国刑法》（以下简称《刑法》）和《中华人民共和国刑事诉讼法》中的有关条款内容，对于违反消防管理行为的行政处罚应该遵循《中华人民共和国治安管理处罚条例》《中华人民共和国行政处罚法》（以下简称《行政处罚法》）等法律文件中有关条款内容，因此，这些与消防管理内容相关的条款也可以认为是消防法律规范的范畴。另外，《中华人民共和国行政诉讼法》《中华人民共和国行政复议法》《中华人民共和国国家赔偿法》等法律文件也是消防管理活动中应该遵循的法律依据。上述这些法律文件都是由全国人大或全国人大常委会批准或颁布的。

2. 消防行政法规

由国务院批准或颁布。例如,《仓库防火安全管理规则》《危险化学品安全管理条例》等都是由国务院批准颁布的。

3. 消防行政规章（国务院部门规章）

由国务院各部、委、局批准或颁布。例如，公安部批准颁布的消防监督检查规定（公安部第 120 号令）、《公共娱乐场所消防安全管理规定》（公安部第 39 号令 ）、《建设工程消防监督管理规定》（公安部令第 119 号）等。

4. 地方性消防法律法规

由省、自治区、直辖市、省会、自治区首府、国务院批准的较大市的人大及其常委会批准或颁布。国务院批准的较大市主要包括大连、鞍山、抚顺、唐山、大同、徐州、苏州、无锡、深圳、厦门等城市。省级地方性消防法规的地域管辖效力要大于市级地方性消防法规的效力。

5. 地方性消防行政规章（地方政府规章）

由省、自治区、直辖市、省会、自治区首府、国务院批准的较大市的人民政府批准或颁布。省级地方性消防行政规章的地域管辖效力要大于市级地方性消防行政规章的效力。

在消防管理活动中，凡是涉及消防技术的监督管理，均应以有关消防技术的国家标准为管理依据。如果某一消防技术领域没有可以遵循的国家标准，则应以部颁标准（行业标准）为管理依据。

消防行政执法人员在执法办案过程中，通常应该遵循“小法服从大法”的原则，即低级别立法机关制定的法规应该服从高级别立法机关制定的法规，正确运用消防法规。

二、消防法律法规的特征和作用

（一）消防法律法规的特征

要全面了解消防法律法规，除掌握消防法律法规的本身之外，还必须了解它与其他法律规范所有的共同特征，以及消防法律法规本身所独有的特征。

1. 消防法律法规与其他法律法规所共有的特征

（1）意志性。我国消防法律法规是一种国家意识，是人民民主专政的社会主义国家的意志体现，代表了人民的整体意志和根本利益。消防法律法规反映广大人民群众对保卫社会主义现代建设和人民生命财产安全的要求，是人民群众同火灾斗争实践的经验的总结，为保护国家、集体和公民个人的利益服务，由消防监督机构监督执行。

（2）规范性。所谓消防法律法规的规范性，就是将消防法律法规是一种特殊的社会规范，一般分为两大类：一类叫社会规范，一类叫技术规范。消防法律法规既规定了人们在消防活动中的权利和义务，调节消防与社会之间的关系，又明确了人与自然之间的关系，是衡量和评价人们消防行为的准则。

（3）强制性。我国的消防法律法规是由国家制定或认可的，并由国家强制力保证其实施的，具有普遍的约束力。对绝大多数的人来说、遵守消防法律法规，并不是由于国家强制力的威严，而是由于认识到了守法是保护和实现自己的根本利益的重要条件而自愿遵守的。所以，保证消防法律法规实施的方法是说服和强制相结合。这种强制是集中反映绝大多数人意志的基础上对少数违法、犯法者的强制。消防法律法规规定了人们的权利和义务，要使人们的权利得以充分地实现，使人们的义务得以确实履行，就必须由国家的强制力做后盾。

（4）社会性。消防法律法规这一特殊的社会规范，不仅是一定社会关系的反映，还是一定社会关系的调整者，它执行着一定的社会职能，是确立和维护社会主义社会一定的社会秩序所必需的。由于消防法律法规的公布实施，人们的行为就有所遵循和规避，此时人们按消防法律法规的规定办事，减少和消灭不必要的因违法行为而造成的损失。所以，消防法律法规是保护国家生产建设和人民生命财产安全、维护社会秩序的一种重要手段。

2.消防法律法规所独有的特征

（1）有专门的调整对象。消防法律法规的调整对象是有关消防安全的社会关系，即解决诸如动火用火，生产、使用、储存、运输化学易燃物品，使用电器设备，采用新技术、新材料、新工艺、新设备以及建筑设计、施工、使用等方面存在的有害于社会主义现代化建设和公民生命财产安全的社会矛盾，以期预防和控制火灾的危害。

（2）有调整社会关系的特有手段。例如，监督、检查、查封、停产、吊销营业执照、传唤、警告、罚款、行政拘留、追究刑事责任等。

（二）消防法律法规的作用

1.维护和促进社会公共秩序的作用

消防安全环境和秩序是社会治安秩序的重要组成部分，社会治安秩序又是社会公共秩序的极其重要的组成部分。火灾危害社会安全，严重地破坏人们的生产秩序、工作秩序和社会秩序。因此，我国的消防法律法规明确指出：各级消防监督机构要切实履行十一项职权；机关、企事业单位要实行逐级防火责任制和岗位防火责任制，建立健全防火制度和安全操作规程，严格值班和巡逻制度；居民、村民要制定防火公约，严格用火、动火制度等。规定了社会各单位和每一个公民在消防活动中的权利和义务。对违反消防法律法规的行为，根据造成的不同后果，分别给予相应的处分、处罚和刑罚。这些法律规定，都直接或间接地起着维护和促进社会秩序的作用。

2.保障和促进社会主义经济发展的作用

社会主义的根本任务是发展社会生产力，在初级阶段，要自觉地坚定不移地把这个任务放在中心位置。消防法律法规必须为经济基础服务，必须保持生产力的发展。因此，在我国消防法律法规中，对如何保护森林、草原等资源；新建、扩建和改建工程的设计和施工；生产、储存和装卸、运输易燃易爆化学物品；飞机、船舶、列车的营运；研制和采用有火灾危险性的新材料、新工艺、新设备等，都提出了明确的消防安全要求。这些规定、要求，对社会主义经济发展和社会主义物质文明建设，都会起到直接或间接的保障和促进作用。

3.保障和促进人人自觉遵守消防法律法规的作用

由于我国的消防法律法规是建立在生产资料公有制基础上的上层建筑，是工人阶级（经过共产党）领导下，通过社会主义国家权力机关制定出来的。它充分体现了以工人阶级为领导的广大人民意志和利益，正确地反映了社会和经济发展的客观规律，是为经济建设和社会生产力发展服务的；为广大人民的切身利益服务的，从而也决定了它对人民具有十分大的教育作用。因此，消防法律法规特别强调搞好防火宣传教育，唤醒广大人民群众的防火警觉，增强遵纪守法的观念，积极同火灾做斗争。

三、消防法律法规的结构和效力

（一）消防法律法规的结构

消防法律法规的结构通常包括条件部分、行为模式部分和法律后果部分。消防行政执法人员应当熟悉各种消防法律法规的结构。这样才能有助于准确理解和快速查阅消防法律法规的条款内容，才能正确熟练地运用消防法律法规。

1. 适用条件部分

消防法律法规的适用条件部分是指消防法律法规中规定的适用该法律法规的条件。

2. 行为模式部分

消防法律法规的行为模式部分是指消防法律法规中规定人们的行为准则或标准等方面的内容，其包括以下三个行为。

（1）义务行为，指主体应做的行为。

（2）禁止行为，指主体不应做的行为。

（3）授权行为，指主体可以做的行为或可以不做的行为。

例如，《消防法》中第五条规定：任何单位和个人都有维护消防安全、保护消防设施、预防火灾、报告火警的义务。任何单位和成年人都有参加有组织的灭火工作的义务。第四十四条：任何人发现火灾都应当立即报警。任何单位、个人都应当无偿为报警提供便利，不得阻拦报警。严禁谎报火警。上述条例规定了广大群众的义务行为和禁止行为。

3. 法律后果部分

消防法律法规的法律后果部分是指消防法律法规中规定的人们的行为符合或违反该法规的要求时，将产生某种可以预见的结果方面的内容，其中包括以下两个法律后果。

（1）肯定性法律后果，指对义务行为作为，得到容许或奖励的后果。

（2）否定性法律后果，指对义务行为不作为、对禁止行为作为，得到批评或惩罚的后果。

（二）消防法律法规的效力

准确掌握各种消防法律法规的效力，是消防行政执法人员正确熟练地运用消防法律或执法办案的关键。消防法律法规的效力或有效性包括消防法律法规的本身有效性和适用有效性。

1.本身有效性

（1）制定某一法规的机关，若有权制定该法规，则该法规为有效，若无权制定该法规则无效。

（2）下级机关制定的某一消防法律法规，同上级机关制定的法规若不抵触，则下级机关制定的法规为有效，若抵触则无效。

2.适用有效性

消防法律法规的适用有效性是指消防法律法规在什么空间、什么时间及对什么人有法律效力。

（1）空间效力。空间效力是指消防法律法规在陆地、水域、空中的生效能力。空间效力通常由消防法律法规的立法部门的级别、属地管理原则、消防法律法规中规定的适用范围等来确定。

（2）时间效力。时间效力是指消防法律法规的生效日、失效日及溯及力。生效日是指法规公布施行之日。对于失效日期来说，通常新法生效日即为旧法的失效日，或者国家明令废除某项法规并规定出失效日。溯及力是指消防法律法规生效以前所发生的事件或行为是否适用该法规的问题，如适用则认为有溯及力，如不适用则认为无溯及力。我国的消防法律法规通常规定无溯及力。

（3）对人的效力。通常消防法律法规对我国境内的所有的人均有效力，法律另有规定的除外。

第二节 违反消防法律法规的行政责任

为保证各项消防行政措施和技术措施的落实，消防机构需要根据法律所赋予的权力，运用必要的行政法律手段给予保证。消防行政处罚就是通过处罚，教育违反消防管理的行为人，制止和预防消防管理行为的发生，以加强消防管理，维护社会秩序和公共消防安全，保护公民的合法权益。消防行政处罚是行政处罚的一种，是国家消防行政机关依照《行政处罚法》和《消防法》以及国家、地方消防法规、规章，对违反消防法规、妨碍公共消防安全和造成火灾事故但尚未构成犯罪的个人和单位依法实施的行政处罚。

一、消防行政处罚的构成

消防行政处罚是国家行政处罚的一种，是国家消防行政机关依法对违反消防行政管理的行为依法给予的惩戒制裁，其构成要件有以下四点。

第一，消防行政处罚由国家消防行政主管机关即消防救援机构（行政拘留和对经济、社会生活有重大影响的停产停业除外）执行，其他任何国家机关、企事业单位和个人，不得对公民和法人实施消防行政处罚。

第二，被处罚的当事人确已构成违反消防行政法规，包括行为者必须有造成违反消防行政法规的主观上的故意或过失；违法行为必须是消防行政管理和法律、法规有明确规定的。

第三，处罚内容和法律。即处罚必须是在消防法律、法规所确立的罚则之内，受处罚的违法行为必须确属消防法律、法规所规定的罚则的适用范围，违法行为与所受处罚相适应。

第四，处罚必须做到法律文书规范，并按照法定的处罚程序实施。

二、消防行政处罚的种类

消防行政处罚的种类包括警告、罚款、没收非法财物和违法所得，责令停产停业、停止施工、停止使用、行政拘留等五类。

（一）警告

警告是指行政机关对有违法行为的公民、法人或者其他提出告诫，使其认识其行为的违法性和危害性的一种处罚。警告处罚是行政处罚中

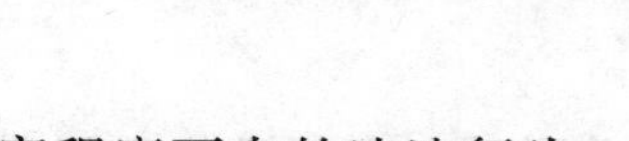

最轻的一种处罚，适用于情节轻微的、对社会危害程度不大的违法行为（实施警告处罚也应出具处罚裁决书）。

（二）罚款

罚款是指行政机关限令违法行为人在一定期限内向国家缴纳一定数量金钱的处罚形式，是限制和剥夺违法行为人财产权的处罚。它是适用比较广泛的行政处罚方式，目的是通过对违法者给以罚款，使其在财产上受到一定损失，从而深刻认识其违法行为的危害，不致再犯。被处罚的当事人，应当在收到行政处罚决定书之日起 15 日内到指定的银行缴纳罚款。如果当事人到期不缴纳罚款，逾期一日，作出行政处罚决定的消防救援机构可以按照数额的 3% 加处罚款，或申请人民法院强制执行。但是，如果当事人确有经济困难需要分期缴纳罚款，经当事人申请和消防救援机构批准，也可以暂缓或者分期缴纳。

对有违法行为的公民、法人或者其他组织，依法强制其在一定期限内缴纳一定数量货币的行政处罚。罚款处罚是一种财产罚，罚款一律上缴国库，任何行政机关或者个人不得以任何形式截留、私分或者变相私分。实施罚款处罚时要注意以下四点：一是要在法定的幅度内确定数额；二是要考虑到实际支付能力，以免裁决后不能执行；三是不要滥用罚款的处罚方式，不适宜用罚款处罚的，则应依法实施其他处罚；四是对当事人的同一违法行为，不得给予两次以上罚款的行政处罚。

（三）没收非法财物和违法所得

没收非法财物和违法所得是指消防救援机构依法将违法行为人违法所得到的财物或非法财物，强制无偿收归国有的一种行政处罚。违法所得和非法财物虽然都是财物，或是物或是金钱，但二者性质上还是有所区别的。违法所得包括财物和金钱，如未经批准经营消防器材而获得的金钱可以没收；而非法财物主要是指法律、法规、规章禁止制造或持有的物，如违禁品，一经发现即应没收。没收是一种剥夺财产权的行政处罚，在实施没收处罚时要注意对以下不同情况区别对待：一是对违法所得财物及非法财物应全部没收；二是对于违法行为使用的工具不一定全部没收，如对违法运输危险物品的车辆、未经批准生产消防产品的机器设备是否要没收，应视情节轻重，及被处罚对象的生产、生活实际情况而定。

（四）责令停产停业、停止施工、停止使用

责令停产停业是消防救援机构对从事违法生产、经营活动的公民、法人或其他组织限制和灵活机动其特定行为能力的一种处罚，其主要依据为《消防法》第四十条、第四十三条第二款、第三款等。责令停止施工是消防救援机构对未经消防审核擅自施工、擅自降低消防技术标准施工、使用防火性能不符合国家标准或者行业标准的建筑构件和建筑材料或者不合格的装修、装饰材料施工的，责令限期改正，逾期不改正而给予的一种处罚产。责令停止使用是指消防救援机构对电器产品、燃气用具的安装或者线管路和敷设不符合消防安全技术规定等行为所给予的一种处罚。

（五）行政拘留

行政拘留是公安机关对违反治安管理、消防管理法规的人，依据法律（《治安管理处罚法》和《消防法》）的规定，在一定时间内限制其人身自由的一种行政处罚。行政拘留由于是限制人身自由的行政处罚，所以，这种处罚只能由法律规定，而且只有公安机关才有权对法律明确规定的违法行为，严格依照法律规定的程序实施。

三、违法人应承担的行政责任

（一）擅自举行大型群众性集会活动的行为

根据《消防法》第二十条规定，举办大型群众性活动，承办人应当

依法向公安机关申请安全许可，制定灭火和应急疏散预案并组织演练，明确消防安全责任分工，确定消防安全管理人员，保持消防设施和消防器材配置齐全、完好有效，保证疏散通道、安全出口、疏散指示标志、应急照明和消防车通道符合消防技术标准和管理规定。本行为是指违反上述规定，不经检查批准，擅自举办大型集会、烟火晚会、灯会等群众性活动的行为。根据《消防法》第五十八条规定，核查发现公众聚集场所使用、营业情况与承诺内容不符，经责令限期改正，逾期不整改或者整改后仍达不到要求的，依法撤销相应许可。

（二）违反建筑工程消防设计审议要求的行为

违反建筑工程消防设计审核要求的行为，是指建筑工程的消防设计未经消防救援机构审核或者经审核不合格，擅自施工的行为。《消防法》第十条规定，对按照国家工程建设消防技术标准需要进行消防设计的建设工程，实行建设工程消防设计审查验收制度。第十二条规定，特殊建设工程未经消防设计审查或者审查不合格的，建设单位、施工单位不得施工；其他建设工程，建设单位未提供满足施工需要的消防设计图纸及技术资料的，有关部门不得发放施工许可证或者批准开工报告。对建筑设计进行防火审核，其目的就是在城镇建设规划和建筑设计中采取各种消防技术措施，从根本上防止建筑火灾的发生，一旦发生火灾也能有效地阻止火灾的蔓延扩大，为扑救火灾创造有利条件，把受灾区域和损失控制在较小范围。所以，加强建筑防火管理不仅是消防救援机构的责任，也是规划、设计单位和建设、施工单位的责任。如果待一项建筑工程竣工之后，才发现不符合防火要求，则为时晚矣。这时再去采取补救措施，不仅影响工程的投产使用，而且在资金、材料等方面都会造成浪费，甚至有的根本无法挽回，只能停用拆毁。各设计、施工、建设单位应当充分认识对建筑工程进行消防安全审核的重要性和必要性，严格执行国家和地方的有关规范、标准和规定，主动地将新建、改建、扩建建筑工程的设计图纸、资料送当地住建部审核，以保证各项消防安全措施的落实，防止遗留潜在的火灾隐患。因此，建筑工程的消防设计未经消防救援机构审核或者经审核不合格擅自施工的应当承担行政责任。

（三）使用不合格建筑构件、材料施工的行为

使用不合格建筑构件、材料施工的行为，是指违反消防法的规定，擅自降低消防技术标准施工、使用防火性能不符合国家标准或者行业标准的建筑构件和建筑材料或者不合格的装修、装饰材料施工的行为。《消防法》第二十六条规定，建筑构件、建筑材料和室内装修、装饰材料的防火性能必须符合国家标准；没有国家标准的，必须符合行业标准。人员密集场所室内装修、装饰，应当按照消防技术标准的要求，使用不燃、难燃材料。建筑构件和建筑材料的防火性能如何是决定建筑物防火性能的关键，如果建筑构件和建筑材料的防火性能不能保证，那么整个建筑工程的防火性能也就不能保证，就会给建筑工程带来先天性的火灾隐患。所以，对擅自降低消防技术标准施工、使用防火性能不符合国家标准或者行业标准的建筑构件和建筑材料或者不合格的装修、装饰材料施工的行为应当承担行政责任。

（四）机关、团体、企业、事业单位未履行消防安全职责的行为

《消防法》第十六条规定，机关、团体、企业、事业等单位应当履行下列消防安全职责：一是落实消防安全责任制，制定本单位的消防安全制度、消防安全操作规程，制定灭火和应急疏散预案；二是按照国家标准、行业标准配置消防设施、器材，设置消防安全标志，并定期组织检验、维修，确保完好有效；三是对建筑消防设施每年至少进行一次全面检测，确保完好有效，检测记录应当完整准确，存档备查；四是保障疏散通道、安全出口、消防车通道畅通，保证防火防烟分区、防火间距符合消防技术标准；五是组织防火检查，及时消除火灾隐患；六是组织进

行有针对性的消防演练；七是法律、法规规定的其他消防安全职责。单位的主要负责人是本单位的消防安全责任人。消防安全重点单位除应履行以上职责之外，还应履行“建立防火档案，确定消防安全重点部位，设置防火标志，实行严格管理；实行每日防火巡查，并建立巡查记录；对职工进行消防安全培训；制定灭火和应急疏散预案，定期组织消防演练”等消防安全职责。这是《消防法》对机关、团体、企业、事业单位的法定职责，必须认真履行，以保证消防安全措施在机关、团体、企业、事业单位得以落实。如果违反《消防法》的规定，未履行消防安全职责，责令限期改正；逾期不改正的，对其直接负责的主管人员和其他直接责任人员依法给予处分或者给予警告处罚。

第三节 违反消防法律法规的民事责任

一、一般民事责任的构成要件

一般民事责任的构成要件，即承担过错民事责任的要件，有以下四个方面。

（一）有违反民事义务的行为

承担一般的民事责任，必须有违反民事义务行为的存在，违反民事义务的行为，有些是作为，有些是不作为。作为，即实施积极的行为，如在生产，储存、经营易燃易爆危险品的场所再设置居住场所；在具有火灾、爆炸危险的场所使用明火等。不作为，是指行为人负有作为的义务而不履行此种义务，如公众聚集场所在开业前，不向消防救援机构申报；明知消防设施出现故障而不予排除等。

（二）有损害事实的存在

损害事实是指民事违法行为所致的损害后果。承担民事责任，须以损害事实的存在为条件，没有损害事实即无须承担民事责任。损害事实可以分为财产损害和人身损害。

（三）违反民事义务行为与损害事实之间有因果关系

因果关系是指违反民事义务的行为与损害事实之间的联系，即违反民事义务的行为是原因，损害事实是其引发的后果。只有存在因果关系，行为人才负责任。否则，不负责任。在消防上表现为火灾的发生是行为人的违法行为所致。

（四）行为人有过错

过错是指行为人对自己行为和损害后果的心理状态。这种心理状态可区分为故意和过失。故意是指行为人对自己行为可能造成的损害后果持希望或者放任态度，过失是指行为人对自己行为可能发生的损害后果轻信能够避免损害的发生或者由于疏忽大意没有预见到发生损害后果，而事实上发生了损害后果的情况，即轻信的心态和疏忽大意的心态。

二、承担民事责任的方式

民事责任主要是一种财产责任。违反民事义务的结果，往往带来的是财产上的损失，包括侵犯人身权利造成的损害，最后也表现为财产上的损失，赔偿财产损失就成为民事责任的最基本、最普遍的形式。违反消防法律法规所涉及的民事责任应当包括多种方式来应对安全风险、恢复原状和赔偿损失。

消除危险：责任人需要采取积极措施来消除由违反消防法律法规引发的危险情况。这可能包括修复或更换有缺陷的消防设备、消除可燃物品存放不当等火灾风险因素。

恢复原状：责任人应确保受影响的场所或建筑物能够符合消防法律法规的要求。这可能需要进行必要的建筑结构改造、安装适当的火灾报警系统和灭火设备等，以确保火灾防护设施的完善性。

赔偿损失：如果违反消防法律法规导致他人财产损失或人身伤害，责任人需要赔偿受害方的损失。这包括赔偿财产损失、支付医疗费用、补偿精神损失以及其他相关费用，以弥补违规行为所造成的损害。

三、违反消防相关的民事责任

（一）建筑工程各方的责任

《消防法》第九条规定，建设工程的消防设计、施工必须符合国家工程建设消防技术标准。建设、设计、施工、工程监理等单位依法对建设工程的消防设计、施工质量负责。

国家工程建设消防技术标准是工程实践经验和科技成果的积累，是消防设计、施工的技术依据，只有符合国家工程建设消防技术标准才能保证质量，满足建设工程投入使用后的消防安全要求。在项目建设中各方均承担相应责任。

（1）建设单位作为工程项目建设过程的总负责方，应当承担依法向消防救援机构申请建设工程消防设计审核、消防验收或者备案并接受消防监督检查，以合同约定设计、施工、工程监理单位执行消防法律法规和国家工程建设消防技术标准的责任，将实行工程监理的建设工程的消防施工质量，并委托监理，选用符合国家规定资质条件的消防设施设计、施工单位，选用合格的消防产品和建筑材料等责任。不得指使或者强令设计、施工、工程监理等有关单位和人员违反消防法规和国家工程建设消防技术标准，降低建设工程消防设计、施工质量。

（2）设计单位应当对其消防设计质量负责，提交的消防设计文件应当符合国家建设消防技术标准，承担科学设计、解释设计文件的责任。

（3）施工单位应当对其消防施工质量负责，保证工程施工的全过程和工程的实物质量符合国家工程建设消防技术标准和消防设计文件的要求。此行为中建设单位与施工单位之间是发包人与承包人的民事合同关系。

（4）工程监理单位代表建设单位对施工质量实施监理，对施工质量承担监理责任，必须严格依照消防设计文件和建设工程承包合同实施工程监理，不得同意使用或者安装不合格的消防产品和建筑材料。此行为中工程监理单位与建设单位之间是代理与被代理的民事关系。

以上一方或各方若产生违法行为，除应依法承担行政责任外，还应承担其违反合同约定所产生的违约责任，如采取补救措施、赔偿损失等。

（二）消防技术服务机构的责任

《消防法》第三十四条规定，消防设施维护保养检测、消防安全评估等消防技术服务机构应当符合从业条件，执业人员应当依法获得相应的资格；依照法律、行政法规、国家标准、行业标准和执业准则，接受委托提供消防技术服务，并对服务质量负责。

消防技术服务机构在具备相应专业技术、资质、资格的基础上，经行业管理部门核准后执业。其依照法律、行政法规、国家标准、行业标准和执业准则，基于委托合同提供专业消防服务。如果消防技术服务机构不履行职责，在执业过程中出具虚假、失实的文件，除应承担罚款、没收违法所得、吊销资质等行政处罚外，还应承担其违反合同约定所产生的违约责任，如赔偿损失等。

（三）火灾损失引发的责任

《消防法》第五条规定，任何单位和个人都有维护消防安全、保护消防设施、预防火灾、报告火警的义务。任何单位和成年人都有参加有组织的灭火工作的义务。

人们生产、生活中的许多行为都与消防安全息息相关，良好的行为和习惯对预防火灾具有积极意义，而一些不良的行为和习惯则可能会引

起火灾危险。例如，在生产、经营过程中不按安全操作规程操作，不遵守消防规章制度，在生活中不注意用火用电安全等不良习惯，都可能引起火灾，甚至造成群死群伤的恶性后果。如果因为未履行预防火灾的义务而引起火灾，造成他人的人身安全和财产受到损害的，除应承担相关法律责任外，还应就实施的侵权行为给他人造成财产或人身损害给予赔偿。

第四节　违反消防法律法规的刑事责任

一、消防刑事犯罪与案件

消防刑事犯罪是指违反国家消防管理法律、法规方面的刑事犯罪行为。消防刑事犯罪属危害公共安全犯罪，对公民生命，财产和社会公共财产安全危害较大，对社会治安秩序稳定的影响也很大。

消防刑事案件是指由公安机关立案侦查，依法追究刑事责任的违反国家消防管理法律，法规方面的犯罪事实。由于公安机关内部刑事案件管辖分工，消防救援机构只管辖失火案件和消防责任事故案件两种案件。

二、消防刑事案件的办理

（一）管辖

按照公安部《公安部刑事案件管辖分工规定》，公安机关消防机构负责办理失火案和消防责任事故案。县级公安机关消防机构负责侦查本辖区内的失火案、消防责任事故案；地（市）级以上公安机关消防机构主要承担重大涉外犯罪和下级公安机关消防机构侦查有困难的重大刑事案件的侦查，并负责组织，协调和指导侦查工作。

（二）受理与立案

公安机关消防机构受理消防刑事案件主要是通过“119”火警电话接警途径。发生火灾，人们总是要拨打电话报警，公安机关消防机构接警后赶赴火灾现场，通过对火灾现场的勘察，初步认定火灾原因、火灾损失后果，对符合刑事案件立案标准的，应当立为消防刑事案件。其他途径受理的火灾警情，符合刑事案件立案标准的，也应当立为消防刑事案件。

（三）侦查

对消防刑事案件的侦查是指公安机关消防机构依法对消防刑事犯罪进行的一系列调查取证，追究刑事责任的专门活动。由于消防刑事犯罪的特点，侦查活动从火灾扑救时就已经开始，直至案件侦查终结。

1. 配合现场扑救，封闭保护现场

火灾事故发生后，公安机关消防机构的火灾调查人员应当迅速赶赴现场，根据火场总指挥部的统一部署，协助有关灭火和救助人员扑灭火灾，救助遇险人员。同时，火灾调查人员应当密切注视现场情况，注意发现有关情况，并视火灾扑救情况及时封闭保护现场。

2. 询问现场人员，了解火灾经过

通过对火灾发现人员，报警人员、当事人等进行调查询问，可以了解火灾发生情况，为现场勘查提供线索，帮助发现、判断痕迹和物证，有利于分析案件真实情况。开展现场调查询问，要严格按照法律规定，及时、全面、细致、客观地问清火场各方面的情况，既要搜集明显的线索，也要注意发现容易被忽视的细枝末节，使调查询问了解的情况具有完善性，联系性和逻辑性。

3. 开展现场勘查，发现提取物证

火灾现场勘查的任务是查明火灾经过，原因及事故的性质，发现、收集和保全与火灾有关的痕迹和物证，查明火灾事故造成的经济损失和人员伤亡情况。其重点是确定起火部位，起火点，起火原因，并为查明火灾责任，核查火灾损失，验证证言搜集证据。现场勘查的方法应当根据火灾现场的具体情况予以确定。勘查中，应尽可能多地发现、提取有助于分析认定事故发生时间、原因和经过的有关痕迹、物证，并及时对现场状态、有关的痕迹和物证认真做好现场勘查笔录，现场制图和现场照相、录像。

4. 认定火灾原因，确定事故责任

对火灾原因进行准确认定，是消防刑事案件侦查工作的重点。公安机关消防机构依据现场勘查、调查访问等现有的调查材料能够准确认定火灾原因的，应当及时出具火灾原因认定结论。如果由于现场破坏严重，或者火灾原因复杂的，应当及时进行相关痕迹、物证的技术鉴定，以准确认定火灾事故原因。在认定火灾原因的基础上，根据获得的材料对案件情况进行深入分析，进而确定事故性质和事故责任人。

5. 积极开展讯问，完善证据体系

在认真勘查现场和深入调查，获取充分证据的情况下，应当积极开展对犯罪嫌疑人的讯问。对犯罪嫌疑人的讯问，应当根据案件具体情况，责任人的责任情况和个性特点，有针对性地选择突破口。要充分利用获取的有关书证、物证、证人证言、鉴定结论等证据突破对方的心理防线。在案件侦查结束前，侦查人员应当将案件的所有材料汇集在一起，对案件中的各种物证、书证、证人证言、被告人供述和辩解、被害人陈述，现场勘查材料、鉴定结论及视听资料等，逐一进行审查。重点审查这些证据材料的来源是否清楚，获取手段是否合法，材料内容之间是否存在矛盾；获得的材料是否充分、是否有遗漏，能否形成证实犯罪的，无懈可击的证据链条等，最终形成该案件的证据体系。

三、违反消防管理的刑事责任

（一）失火罪

失火罪，是指由于行为人的过失引起火灾，造成严重后果，危害公共安全的行为。它所侵犯的客体是公共安全即不特定多人的生命、健康和重大公私财产安全。

在客观方面，失火罪表现为由于行为人的过失行为造成火灾，后果严重，危害公共安全。失火罪要求失火行为必须引起严重后果，如果仅有失火行为而未产生严重后果，或者后果不严重的，不构成失火罪。因此，后果是否严重，是衡量失火行为罪与非罪的重要标准。所谓严重后果，主要是指致人重伤、死亡或者公私财产遭受重大损失。

在主观方面，失火罪是过失，即行为人应当预见自己的行为可能造成火灾，由于疏忽大意而没有预见，或者虽然已经预见，但行为人轻信能够避免。这是指行为人对危害后果的主观心理态度。对行为本身，行为人却往往是出于故意，即明知故犯，如在禁止吸烟的地方吸烟，在禁止燃火的林区燃火，以及其他故意违章引起火灾的情形。

失火，是失去控制的燃烧现象。因失火而引起的火灾，既有人为的原因也有非人为的原因，即自然的原因，如地震、火山喷发、电击等。自然方面的原因引起的火灾不涉及犯罪的问题。而人为引起的火灾，行为人是否构成犯罪，则要根据行为人的责任程度、火灾所造成的损失大小等具体情况来确定。如果行为人的过失行为与危害后果具有刑法上的因果关系，或者虽然具有刑法上的因果关系，但后果并不严重的，则不构成失火罪。

根据《刑法》第一百一十五条的规定，放火、决水、爆炸以及投放毒害性、放射性、传染病病原体等物质或者以其他危险方法致人重伤、死亡或者使公私财产遭受重大损失的，处十年以上有期徒刑、无期徒刑或者死刑。过失犯前款罪的，如过失放火处三年以上七年以下有期徒刑；情节较轻的，处三年以下有期徒刑或者拘役。

（二）过失爆炸罪

过失爆炸罪，是指过失引起爆炸，致人重伤、死亡或者造成公私财产重大损失，危害公共安全的行为，它所侵犯的客体是公共安全，即不特定多人的生命、健康和公私财产安全。

在客观方面，过失爆炸罪表现为行为人过失引起爆炸，造成致人重伤、死亡或者使公私财产遭受重大损失的严重后果，危害公共安全的行为。过失爆炸行为既可以是作为，也可以是不作为。以不作为方式完成的，行为人必须负有特定的义务。同时，爆炸行为必须造成严重后果。如果尚未造成严重后果，则不构成过失爆炸罪。因此，后果严重是构成过失爆炸罪的重要标志。

在主观方面，过失爆炸罪有过失。即行为人应当预见自己的行为可能引起爆炸，或者自己的爆炸行为可能引起危害公共安全的危险，由于疏忽大意而没有预见，或者虽已预见，但行为人轻信能够避免。但是行为人对于过失行为往往是出于直接故意。

根据《刑法》第一百一十五条的规定，放火、决水、爆炸以及投放毒害性、放射性、传染病病原体等物质或者以其他危险方法致人重伤、死亡或者使公私财产遭受重大损失的，处十年以上有期徒刑、无期徒刑或者死刑。过失犯前款罪的，如过失爆炸处三年以上七年以下有期徒刑；情节较轻的，处三年以下有期徒刑或者拘役。

（三）非法携带危险物品危及公共安全罪

非法携带危险物品危及公共安全罪，是指违反有关法律规定，非法携带爆炸性、易燃性、放射性、毒害性、腐蚀性物品进入公共场所或者交通工具，危及公共安全，情节严重的行为。

由于危险物品都是具有爆炸性、易燃性、氧化性、放射性、毒害性、腐蚀性的物品，具有较强的破坏力，所以有关法律法规对上述物品的管理制定了较为严格的规定。公共场所和交通工具都是人群集中的地方，违反法律规定，非法携带上述物品进入公共场所或者交通工具势必危及公共安全，近年来，这类行为已给社会造成很大危害，因此，必须予以刑事制裁。

非法携带危险物品危及公共安全罪所侵犯的客体是公共安全，即不特定多人的生命、健康和重大公私财产的安全。非法携带爆炸性、易燃性、氧化性、放射性、毒害性、腐蚀性危险物品进入公共场所或者交通工具，一旦发生危险，将会致人死亡，或者造成公私财产的重大损失，后果不堪设想。

在客观方面，非法携带危险物品危及公共安全罪表现为行为人非法携带爆炸性、易燃性、氧化性、放射性、毒害性、腐蚀性危险物品进入公共场所或者交通工具，危及公众安全，情节严重的行为。非法携带是指违反法律规定，私自携带上述物品。对此，国家《消防法》有关法律法规及国务院有关主管部门发布的部门规章，都对爆炸性、易燃性、氧化性、放射性、毒害性、腐蚀性危险品的生产、运输、使用作了明确的规定，因此，任何私自携带爆炸性、易燃性、氧化性、放射性、毒害性、腐蚀性危险物品进入公共场所或者交通工具的行为，都是对上述法律规定的违反。此外，本罪客观方面还要求行为人的行为危及公共安全，造成严重后果。所谓严重后果，是指造成人员伤亡或者公私财产重大损失。

根据《刑法》第一百三十条的规定，非法携带枪支、弹药、管制刀具或者爆炸性、易燃性、放射性、毒害性、腐蚀性物品，进入公共场所或者公共交通工具，危及公共安全，情节严重的，处三年以下有期徒刑、拘役或者管制。

（四）重大责任事故罪

重大责任事故罪，在违反消防管理方面是指工厂、矿山、林场、建筑企业或者其他企业事业单位的职工，由于不服从管理，违反规章制度或者强令工人冒险作业，因而发生重大火灾事故，造成重大伤亡或者其他严重后果的行为。它所侵犯的客体是厂矿等企业、事业单位的安全。保障企业生产的消防安全，保护职工的生命、健康和人身安全，是企业消防安全管理的基本要求，也是提高企业生产及经济效益的基本前提。只有保证生产安全，才能保证正常的生产秩序，才能充分调动职工的生产积极性。如果违反国家有关的消防安全管理制度，不能管理或者强令工人冒险作业，就必然会威胁到企业生产的消防安全，给国家、企业和广大职工造成重大损失。

在客观方面，重大责任事故罪，在违反消防管理方面表现为行为人不服从消防安全管理，违反消防安全规章制度或者强令工人违章冒险作业因而发生重大火灾，造成重大伤亡或者其他严重后果的行为。消防安全规章制度是指有关安全操作规程、劳动纪律和消防安全方面的规定；不服从管理、违反消防安全规章制度是指职工本人直接违反消防安全规章制度的行为，主要表现为擅离职守，不服从正确的管理和指挥，甚至冒险蛮干；强令工人冒险作业，是指有关管理人员利用职权强令职工冒险作业。此外，上述行为必须引起重大火灾，造成重大人身伤亡或经济损失等严重后果才能构成本罪。如果虽然有违章作业的行为但未造成人员伤亡或者其他严重损失，则不能以重大责任事故罪论处。

重大责任事故罪，在违反消防管理方面的犯罪主体是特殊主体，即工厂、矿山、林场、建筑企业或其他企业事业单位的职工。但这里所说的职工并非上述单位的所有职工，而是指直接从事生产的工人、生产指挥人员和技术人员。工矿企业事业单位中不直接从事生产的行政事业人员违反企业消防安全规章制度，因玩忽职守而造成重大损失的，不构成重大责任事故罪，应以玩忽职守罪论处。此外，本罪的主体既包括国有、集体的工厂、矿山、林场、建筑企业或其他企业、事业单位的职工，也包括群众合作经济组织或个体经营户的从业人员。

在主观方面，重大责任事故罪，在违反消防管理方面是过失，这是相对行为人对其行为将要造成的后果所持的心理态度而言的，即行为人应当预见自己的行为可能导致危害结果的发生，但由于疏忽大意没有预见，或者虽然已经预见，但轻信可以避免，因而发生重大火灾事故，造成重大伤亡等严重后果。

根据《刑法》第一百三十四条的规定，在生产、作业中违反有关安全管理的规定，如有涉及安全生产的事项未经依法批准或者许可，擅自从事矿山开采、金属冶炼、建筑施工，以及危险物品生产、经营、储存等高度危险的生产作业活动的，处一年以下有期徒刑、拘役或者管制。

第四章　消防宣传教育与安全培训

第一节　消防宣传教育

一、消防宣传教育的工作内容

（一）消防宣传教育的基本内容

1. 国家及本市有关消防工作的方针、政策和法律法规、技术规范标准

主要包括《消防法》《机关、团体、企业、事业单位消防安全管理规定》等消防法律和规章、本市颁布的地方性消防法规和规章，以及相关的消防规范性文件。

2. 重大消防事件、消防活动和工作动态

发生在市民周围，与社会单位和社区居民息息相关的消防事件和工作动态，要及时宣传，形成一定的社会影响。

3. 火灾案例警示宣传教育

通过近期发生的全国及本市典型的火灾案例警示市民，可以通过观看火灾警示教育片，悬挂、张贴火灾警示图片海报等形式进行。

4. 防火灭火逃生自救常识

主要包括火灾报警、火灾预防知识、初起火灾扑救常识、逃生常识。

（二）消防宣传教育“七进”工作内容

1. 消防宣传教育进社区的工作内容

（1）指导社区组织居民学习掌握安全用火、用电、用气、用油和火灾报警、初起火灾扑救、逃生自救常识，查找、消除家庭火灾隐患；自

觉遵守消防安全管理规定，不圈占、埋压、损坏、挪用消防设施、器材，不占用消防车通道、防火间距、保持疏散通道畅通。

（2）指导社区建立消防安全宣传教育制度，制定居民防火公约；组织居民参加消防教育活动和消防安全自查及灭火、逃生演练；发动社区消防志愿者、志愿消防队员帮助查找消除火灾隐患。

（3）指导社区设置消防宣传牌（栏）、橱窗等，适时更新内容，利用小区楼宇电视、户外显示屏、广播等播放消防安全常识。

（4）鼓励、引导居民家庭配备必要的报警、灭火、照明、逃生自救等消防器材，并教会其使用方法。

2. 消防宣传教育进农村的工作内容

（1）指导村民委员会建立消防安全宣传教育工作制度，制定村民防火公约，明确职责任务。

（2）在农忙时节、火灾多发季节，春节、元宵节、清明节及民俗活动期间，集中开展有针对性的消防安全宣传教育活动。

（3）在农村集市、场镇、主要道路路口、村民委员会办公场所设置消防宣传栏（牌）、橱窗，张贴消防宣传标语、图画。

（4）督促村民委员会设置消防宣传员，鼓励村民加入志愿消防队、巡防队，宣传消防安全知识；指导乡村企业开展消防安全宣传教育工作。

3. 消防宣传教育进学校的工作内容

（1）督促指导学校将消防安全知识纳入教学内容，针对不同年龄段学生分类开展消防安全教育，每学年组织师生开展疏散逃生演练、消防知识竞赛、消防趣味运动会等活动。

（2）督促指导学校利用“防灾减灾日”“119 消防周”、新生入学等时期集中开展消防宣传教育活动。

（3）督促学校每学年布置一次由学生家长共同完成的消防安全家庭作业，通过对学生的宣传教育，带动家庭成员提高防火意识。

（4）督促学校利用校园电视、广播、网站、报刊、电子显示屏、板报等，经常宣传消防安全内容，指导有条件的学校建立消防安全宣传场所，配置必要的消防器材、宣传资料。

4. 消防宣传教育进企业的工作内容

（1）督促、指导社会单位（场所）建立消防宣传工作制度。

（2）根据单位（场所）规模大小、性质，指导制定灭火和应急疏散预案，张贴逃生疏散路线图，消防宣传图片、标识。

（3）根据单位（场所）规模大小、性质，督促、指导社会单位（场所）开展员工消防宣传教育，使其达到懂本单位火灾危险性、会报火警、会扑救初起火灾、会火场逃生自救的要求。

5. 消防宣传教育进家庭的工作内容

（1）动员家庭成员学习掌握安全用火、用电、用气、用油和火灾报警、初起火灾扑救、逃生自救常识，经常查找、消除家庭火灾隐患。

（2）教育未成年人不玩火，对鳏寡孤独、老弱病残、空巢家庭建立联系制度，结成邻里看护的帮扶对子，定期开展上门式消防安全宣传服务，提高防范能力。

（3）提倡家庭制定应急疏散预案并进行演练，发动每个家庭积极参加疏散逃生演练。

（4）依托居（村）委会等组织，定期组织城乡居民群众到附近的消防站、消防科普教育基地等参观体验。

6. 消防宣传进家庭

（1）将家庭消防安全宣传教育纳入“五好文明家庭”、乡规民约等创建内容；乡镇、街道、公安派出所、小区业主委员会等建立家庭消防安全宣传教育制度，定期发放、宣讲防火公约，开展消防安全提示等活动。

（2）利用报刊、电视、广播等媒体和文化娱乐活动普及家庭消防安全常识，倡导安全用火、用电习惯，指导家庭查找、消除火灾隐患。

（3）定期组织城乡居民开展家庭灭火、疏散逃生演练，保持消防通道畅通，家庭成员掌握“一懂三会”知识。

（4）教育家庭成员外出关闭电源和液化气、天然气总阀门，并检查门窗是否关好，防止飞火入户；教育儿童不玩火；协助、提示独居老人或生活能力有障碍的群众注意用火用电安全。

（5）引导、鼓励有条件的家庭配备必要的报警、灭火、逃生器材；有条件的地区帮助弱势群体家庭安装“独立式”火灾自动报警装置。

7. 消防宣传进网站

（1）省、市、县级政府门户网站推出消防频道或专题，宣传消防法律法规和消防安全常识，发布当地火灾信息，报道灭火和抢险救援工作动态，受理火灾隐患举报投诉。

（2）省、市、县级政府官方微博、微信账号根据当地火灾特点，及时发布消防工作动态、季节性消防安全常识，开展消防公益广告展播。

（3）公安消防部门、当地主流网站建立战略合作关系，及时发布消防部门便民利民服务措施和消防重大活动新闻；重点防火时期或重要节假日，集中发布消防安全提示。

（4）消防安全专项治理行动期间，网络媒体集中曝光重大火灾隐患或区域性火灾隐患，发布政府消防安全通告，报道工作动态和典型工作经验。

（5）利用“移动互联网消防信息服务平台”定期发布消防安全常识，有针对性地做好目标人群的消防安全宣传教育，有条件的地区开展 APP 客户端研发应用。

二、消防宣传教育的途径方法

（一）社会化宣传

可利用消防宣传展板、固定消防宣传栏等形式，在社区、企业、学校等处刊载各类火灾防范常识，并根据季节变化或重大节日宣传的实际需要更换内容。在重点时段（如“5·12”防灾减灾日、119消防宣传日）可深入社区、企业开展集中宣传，组织消防知识宣讲和消防技能展示等活动。分类制定居民、社会单位逃生疏散演练方案，发布通知或通告，提前告知市民、员工按时、主动参与疏散逃生演练。充分调动社区消防宣传大使的积极性，借助这一群众宣传力量，深入社区、家庭开展消防宣传。可结合辖区火灾发生的情况，针对某一特定火灾现场，组织社会单位、居（村）民现场参观，促使大家直观认清火灾的严重危害。

1. 主题策划

主题消防宣传活动是最常见的社会化消防宣传活动，其策划一般遵循确定主题、搜集资料、创意构思、制定方案、提交审定、调整反馈等程序。

（1）确定主题。主题，原意是文学艺术作品中所表现的中心思想。这里引申为消防宣传所体现、所彰显的观点或观念。消防宣传主题策划是有目标指向的策划活动，主题就是它的灵魂和方向。

消防宣传主题的确定要紧跟时代步伐，坚持走群众路线，除了要考虑活动的宣传需要，还有考虑媒体的需要、社会大众的口味，把消防宣传的目标任务与群众安全需求和媒体报道取向有机结合，把消防宣传的兴奋点与媒体的关注点以及群众的关注点有机结合，达到宣传价值和新闻价值的最大统一。

在开展主题消防宣传活动中经常会遇到这样的问题：一项主题消防宣传活动轰轰烈烈地部署下来，但是到了社会单位以及广大社会群众这个层面，落实难度较大，原因就是宣传的主题存在具象化特点，实际内容占比较低；另一方面，宣传活动的形式内容无法做到贴近群众、贴近实际、贴近生活，下一级的基层单位不知从何抓起，社会单位不知从何做起，广大群众不知从何学起，宣传教育的作用甚微。其实，在进行主题消防宣传教育活动选题的时候，在组织策划的过程中，能够把主题进行科学、准确地解读，然后再付诸实施，那么很多类似的情况就可以避免。

（2）搜集资料。消防宣传主题策划不能打无准备之仗。只有资料准备充分，才可能做出正确的判断。

①理顺资料收集思路。收集资料前，先明确目的，确定方向。收集资料是为了达成什么目的？从这些资料得到什么结论？大概需要哪几个方面的资料？最好是用一句话把目的写下来，在脑海中形成明确印象。

②细化资料收集点。对资料收集方向进行细分，使之细化成一个个“资料收集点”，使收集到的资料更全面、系统，有利于整合。

③明确收集途径。网络时代，互联网因其方便快捷、资讯海量等优势往往成为查找资料的首选方式。网络上收集资料一般有如下途径：搜索引擎、局域网、行业网站等。

④系统记录资料。在收集资料的同时，随时记录阅读过程中迸发的灵感，及当初没有考虑到的资料收集点，这样就不至于漏掉一些重要的零散的观点。

⑤整合分析资料。资料收集、记录完成后，对其进行整理、归纳及分析。整合各种观点，探究资料之间的内在关联。

（3）创意构思。创意，是围绕主题开展的具有创造性的想法和构思。对于消防宣传策划来说，就是其内容、形式或所体现的思想观点等，要带有一定的新颖性、独创性和突破性，属于“人无我有”“人有我新”的东西。

创意的构思是一个集思广益的过程，在吸取并采纳诸多合理化建议

的基础上不断地丰富与完善。可采取头脑风暴法，针对某个问题，几个人集中在一起，自由奔放地思考问题，以产生解决问题设想的群体决策方法。这种方法，要求每个与会者理解并遵守四项规则。

①不要批评别人的设想：对设想的评论在以后进行。

②鼓励无所顾忌：自由奔放的思考，设想看起来越离奇就越有价值。

③保证产生一定数量的构想：提出的设想数量越多，就越有可能获得更多有价值的解决问题的办法。

④善于综合：策划者在别人设想的基础上进行组合和改进。

（4）制定方案。方案，是将闪现、形成于头脑中的灵感、点子，用文字、图表等有形的符号记录下来和表现出来。它是主题的具体体现，是创意构思的物化。它将思路客观清晰地呈现出来，使烦琐复杂的工作有条理、有效率地实施。

①明确策划目的。用简明扼要的文字加以说明，让所有参与活动的人，在实施方案的时候做到心中有数、目标明确。

②明确责任主体。明确活动的指挥者、主打团队和配合团队，并把任务落实到具体的责任人。分工安排时不仅要考虑个体，还要考虑人员组合搭配，考虑整体配置，使每个人在总体协调下释放出最大的能量。

③明确工作期限。策划一环扣一环，一个环节的拖拉与延误，势必影响整个全局。要细化整体期限和各环节的完成时间，同时要预留适度弹性空间。

④明确工作流程。对活动的过程整体把握，关键节点必须做出提示。尤其是如何启动、高潮何时营造、怎样结束等，要求要清晰，指令要具体，便于操作。

（5）提交审定。在经过信息收集、调查研究和资源整合后，形成可行性的方案供决策者定夺。为了使方案更加完善，有时需邀请社会上的有关人士进行座谈讨论，对策划进一步丰富。

（6）调整反馈。在实施过程中不断掌握反馈的信息，实时调整方案。

活动结束后，及时进行跟踪反馈，为下次策划积累经验。任何一项宣传活动的组织与实施，都是为了得到最好的宣传效果。开展消防宣传活动，无论采取何种形式，使用何种手段，都必须有一个出发点和落脚点，这就是消防宣传的主题。在消防宣传教育活动中，并非邀请的领导多、参加的群众多、参与的媒体多，就会取得特别好的宣传效果，只有突出宣传重点，才能更加突出活动的针对性，起到最大限度地宣传效果，达到事半功倍的作用。

2.组织实施

组织实施是社会化消防宣传教育工作的重要阶段，是最关键、最精彩、最引人注目的环节。下面分别以广场宣传、疏散演练、阵地宣传和宣讲授课为例，介绍这几种常见的宣传教育工作的组织实施方法。

（1）广场宣传。

①准备工作。

a.结合宣传主题，拟订宣传方案：方案内容包括宣传主题、人员组织、场地时间安排及对社会单位的要求。

b.制定经费预算，对宣传活动所需经费进行细致分解。

c.紧扣宣传主题，准备宣传资料、展板，进行印刷、制作。

②组织实施。

a.选择场地。人员密集、流量大的闹市区，如商贸集中区、大型市区广场，也可以深入单位进行点对点宣传。

b.选择时间。除“119消防日”等固定宣传时段外，尽量安排在节假日。

c.营造氛围。有音像播放，有横幅标语。大型的专题广场消防咨询活动，可邀请市民比较熟悉和喜爱的电视节目主持人等公众人物进行现场主持，以聚合人气。

d.开展活动。设固定宣传咨询台和流动宣传点，对人员进行合理分配。可安排周边单位保安、社区居委会人员、消防志愿者等参与，与消

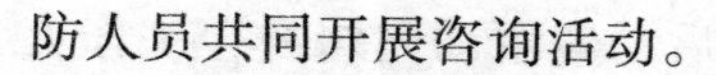

防人员共同开展咨询活动。

e. 收集资料。活动中，应安排人员对咨询活动进行摄影、摄像，视情可邀请媒体采访报道。

（2）逃生演练。组织群众开展疏散逃生演练是最有效地提高公众自救逃生和初期火灾扑救能力的途径。下面以高层住宅楼为例，介绍疏散逃生演练的实施方法。

①疏散逃生演练的组织。高层住宅楼疏散逃生演练通常由居委会或物业公司组织实施，辖区消防救援部门指导本区域或本小区示范性疏散逃生演练。

a. 演练告知。演练前，要通过张贴告示或逐户通知等方式，告知演练时间、内容和相关要求，明确疏散集中地点，并动员居民积极参与演练。

b. 学习常识。接到演练告知后，居民要自行学习《上海市民消防安全知识读本》，了解掌握疏散逃生方法。

c. 发出信号。演练时，可通过消防应急广播、警铃、门禁系统或其他途径，发出演练实施信号。

d. 逃生准备。居民接到演练信号后，要关闭正在使用的燃气、电器等设备，并准备毛巾、简易防烟面具、湿棉被（毛毯）等逃生装备，做好逃生准备。

e. 引导疏散。物业管理人员、居委会工作人员以及消防志愿者要通过喊话、敲门，以及手持疏散引导棒等方式，及时引导或帮助楼内居民疏散逃生。

f. 实施逃生。穿越浓烟区域时，要使用毛巾捂住口鼻，采取低姿方式，迅速沿疏散楼梯进行逃生；穿越火区时，要使用湿棉被（毛毯）披在身上，快速逃离着火区域；火灾初期，可视情况使用电梯进行疏散逃生；疏散通道、楼梯被烟火封堵，疏散困难时，可视情况使用绳索、被单拧结、逃生器具等实施外部逃生，撤至地面或下层安全区域。

g. 人员清点。居民疏散至指定集结区域后，应主动向居委会工作人员通报人员疏散情况，居委会工作人员按户做好登记。

h. 现场讲评。疏散逃生演练结束后，要组织现场讲评，指出演练中存在不足并提出改进意见。

上海消防研究所开发的灾场紧急疏散逃生体验舱系统，通过模拟真实场景，使用者可以学习正确的逃生路线、紧急通信、火灾扑救和救援等技能（图 4-1）。

图 4-1　上海消防研究所开发的灾场紧急疏散逃生体验舱系统

②疏散逃生演练要求。

a. 居民疏散逃生演练要尽量安排在双休日组织实施，提高居民参与率，确保演练效果。

b. 大楼内居民平时要熟悉掌握居住建筑内部结构，尤其是疏散楼梯、避难间的位置。

c. 各住宅楼要设立楼宇消防志愿者，并为其配备必要的防护和引导装备。

d. 疏散逃生过程中，要在第一时间拨打电话报警，并视情开展自救或互救。

e. 疏散逃生时，要尽量靠近疏散楼梯右侧依次下行，避免上下冲撞和相互拥挤。

f. 疏散逃生演练组织工作要严密，逃生行动要迅速、安全，疏散至集中地点集合。

g. 疏散逃生演练结束后，演练组织者要现场听取参与者关于大楼消防隐患的报告，做好整改并予以反馈。

（3）“三提示”宣传。

①“三提示”宣传的基本内容。提示公众所在场所火灾危险性；提示公众所在场所安全逃生路线、安全出口的具体位置，遇到火灾等紧急情况如何正确逃生、自救；提示公众所在场所内灭火器、防护面罩、手电筒等灭火、逃生设备器材具体放置位置和使用方法。

②“三提示”宣传的适用范围。“三提示”宣传适用于所有公共场所，尤以人员密集场所为重中之重。

③“三提示”宣传的实施标准。以下以影剧院为例，介绍“三提示”的具体实施标准。

a. 消防安全承诺告示牌提示。门厅或售票处等显眼位置放置立式消防安全承诺告示牌，采取承诺制的方式提示公众。

承诺告示牌的上面部分内容如下：本影院各楼层整体效果图。其中灭火器、消防栓、防护面罩、安全出口等分别用不同颜色或图形进行标注说明。例如，△表示灭火器；●表示消防栓；★表示防护面罩；口表示安全出口；↓表示疏散路线。

承诺告示牌的下面部分内容如下：本影院为人员密集场所，可燃易燃物多，用电量大，人员集中，一旦发生火灾疏散困难，易造成群死群伤。为确保公共消防安全，本场所承诺做到：场所已严格依法办理消防安全手续；不违规用火用电用油用气；确保消防设施器材完好有效；在营业期间确保疏散通道和安全出口畅通；落实严格的防火检查、巡查和应急预案制度。以上若有违反，请您监督并向消防部门举报，同时也请您配合我单位做好消防安全管理。举报电话：96119。

b. 片花提示。每场电影放映前应播放不少于 30s 的消防安全片花。片花内容为动漫形式，主要介绍本场所灭火器、简易防护面罩、手电筒等灭火、逃生设备器材具体放置位置及逃生自救基本消防常识。

c. LED 显示屏提示。LED 显示屏应至少每隔 1h 滚动播出文字提示内容。提示内容如下：本影城属于人员密集场所，请您务必注意消防安全（您现在位于 ×× 层，东、西两侧各有一个安全疏散楼梯），如遇紧急情况请按照疏散指示标志和工作人员的指引进行有序疏散。

d. 安全疏散指示图提示。影院主入口及电梯处应张贴本楼层的安全疏散指示图。疏散指示图左侧内容如下：为了您的安全，请留意安全出口和疏散楼梯位置，如遇火灾等紧急情况时，请按照疏散指示标志和工作人员的指引进行有序撤离！疏散指示图右侧为本楼层安全疏散指示图。其中灭火器、消防栓、防护面罩、安全出口等分别用不同颜色或图形进行标注说明。例如，△表示灭火器；●表示消防栓；★表示防护面罩；口表示安全出口；↓表示疏散路线。

e. 消防设施标志标识提示。在灭火器、室内消火栓、防火门等常用消防器材设施的醒目位置，还应该设置言简意赅、一目了然的图文说明，提示这些器材设施的使用方法和注意事项。

（4）宣传授课。宣讲与授课，是消防宣传教育工作者应普遍掌握的技能，是通过语言和课件等手段，与群众交流思想、传播信息、发表见解、传授知识的一种社会交流活动，是消防宣传教育工作贯彻从群众中来到群众中去的一种有效形式。宣讲与授课是一门科学，也是一门艺术。要使宣讲授课获得成功，必须谙熟宣讲与授课的规律，学习宣讲与授课的理论和技巧。一般来说，宣讲与授课的能力培养首先要善于观察和学习别人的宣讲授课，从学习模仿开始，其次要加强实际锻炼，不断总结提高。

①宣讲与授课的基本要求。

a. 主题明确。宣讲与授课的主要目的是通过自己的讲解，引起受众情感的共鸣，对其思想、态度和行为施以影响。因此，宣讲与授课必须有鲜明的主题，并围绕主题展开论述，切忌杂乱无章，面面俱到。

b. 层次分明。宣讲与授课最普遍、最有效的构造方法是三段式：起首、中间、结尾。这种方法结构清楚、层次分明，有利于受众理解全篇，从而有效地得到理智和情感上的启迪，进而达到宣传教育效果。

c. 材料丰富。材料是宣讲与授课的血肉。如果只有空洞的观点，没有具体的印证，做到有理有据，再卓越的宣讲与授课者都无法讲得生动活泼。因此必须围绕主题充实材料，选用大量的事例，拨动受众的心弦，引起共鸣。对于消防宣传教育工作者来说，火灾案例无疑是最好的材料。

d. 语言生动。任何宣讲的思想内容都要依靠有声语言来表达，而声过即逝，受众不能像阅读文章那样，随意翻阅，仔细琢磨。只有当场听得清楚，才会有所收益，宣讲的目的才能达到。所以宣讲者一定要注意正确运用语言，尤其要尽可能口语化，讲普通话，注意语调、语速。

②宣讲与授课的前期准备。要使宣讲与授课达到预期效果，事先一定要认真准备。宣讲与授课前期准备的内容和程序大致可分为以下四个方面。

a. 拟定主题，撰写讲稿。主题的选定，虽无固定模式，但还是有一定的规律可循。一般来说，要紧密结合形势，选择人们感兴趣、时新的话题。比如，在一起有影响的火灾发生后，就可以选定此类火灾的预防为主题。

b. 熟记讲稿，理清思路。宣讲者在宣讲授课前，要尽可能熟记内容，理清思路。理清思路，就是把讲稿的中心内容、调理层次都思考清楚，既能熟记背诵，又能融会贯通，这样，宣讲授课时才能准确清晰、生动流畅，具有感染力。

c. 了解受众，有的放矢。了解受众，可以加强宣讲授课的针对性。了解受众，不仅要了解他们的年龄、职业、文化素养，还要了解他们对你的宣讲授课所抱的态度，做到有备而来。

d. 反复练习，理解体味。可以依据宣讲授课内容，事先反复进行口头表达的训练，并仔细体会其中的思想观点、感情色彩。事先练习，不仅有助于熟悉宣讲授课的内容，还可以及时发现缺点和不足，及时纠正调整，提升宣讲授课的效果。

（二）媒体宣传

利用媒体开展消防宣传，就是利用报纸、广播和电视刊发消防消息、广告、安全提示、文艺作品，刊播消防专版、专题、专访，开设消防专版、专栏，普及消防知识，传播消防安全理念，树立消防部队良好形象，推动消防工作开展。此外，直播教学也是一种有效的方式来宣传消防知识，因为它可以实时与观众互动，并提供实际演示和示范。利用媒体开展消防宣传，就要熟练掌握所用媒体的传播规律，努力提高专业化水平。

1. 报纸消防宣传

利用报纸开展消防宣传主要有刊发消防消息、评论、文章、专版、广告、文艺作品，开办消防专栏等形式。下面重点介绍消防专版和专栏。

（1）消防专版。消防专版是报纸围绕一个时期的消防重点工作或者消防热点话题，利用一篇或者一组稿件，以图文并茂的形式，深入报道消防工作、普及消防知识的专门版面。通常是一个整版，也有的是半个或者 2/3 版面甚至于一个以上的版面不等。注重新闻性、专业性、服务性与版面艺术性。

①新闻性。围绕当时的重点工作或者时下的消防热点话题进行深入报道，要突出新闻性。专版刊发的信息要新，介绍的知识也要新，即便是纯知识性的稿件，也是根据当下形势的需要，刊载读者最需要、最想了解的新知识。

②专业性。注重纵深的拓展而不是面上的扩张。它以对消防工作某一方面或某一阶段报道的集中、深入与丰富，作为自己的立足点。

③服务性。也就是实用性，就是要及时反映群众生活当中出现的消防问题与难题，并想方设法为他们排忧解难。

④艺术性。紧紧围绕版面主题，突出专题，突出重点；点面结合，图文并茂，吸引并抓住读者的眼球，感染读者。

（2）消防专栏。消防专栏是指在报纸上专门刊发消防内容稿件的栏目。一般有相对固定的版面位置、刊发周期、栏头标志。刊发的内容丰富，包括消防的工作动态、文章、评论、安全提示、文件法规、常识、文艺作品等。相对于消防专版的深入报道而言，消防专栏一般侧重于面上的报道。消防专栏的版面一般小于消防专版，但同样也注重新闻性、专业性、服务性与版面艺术性。

2. 广播消防宣传

用广播电台开展消防宣传主要有播发消防消息、专题、专访、知识讲座、安全提示、广告、歌曲等语言类文艺节目，进行消防现场电话连线报道，开办消防栏目等形式。这里重点介绍消防现场连线和专栏。

（1）广播现场连线。广播消防活动现场连线以电话为媒介，以口述或者对话的形式把新闻信息直接传播出去。连线报道要求参与者有收放自如的现场驾驭能力，以及流畅清晰的口头表达能力。广播连线报道需要写好报道提纲。广播连线受时间的限制，要用准确的词语，表达要说的意思，不说空话、套话。语言魅力是广播连线报道的优势，连线要有一个明确的主题思想，用词要普通，句子要简短。要克服书面语言环境的影响，只抓重点。连线报道的精华集中于事件活动的情况进展，要使人们能够通过连线受访人客观的描述，了解真实的情况。不应过于渲染，要用通俗的语言将所看的内容表达出来。

（2）广播消防专栏。固定时间反复播出同一类内容，是利用专栏开展消防宣传的最大优势。消防部门在电台开设专栏，应坚持正面宣传，用正确的舆论引导人。这既是对消防新闻宣传报道工作的要求，也是开展消防新闻宣传报道工作必须遵循的原则。要充分发挥和挖掘广播媒体的作用，使消防信息以最快的速度传播给公众。

专栏内可以设置消息、深度报道和人物报道等版块。深度报道主要是深入挖掘各种消防安全常识、火灾案例和火场逃生的基本方法、消防法律法规。人物报道类主要宣传消防部队在消防监督、灭火及抢险救援、拥政爱民等方面涌现出来的先进典型人物或集体，记录消防队员的英勇与壮举，从不同侧面反映先进集体、先进人物事迹及消防部队战斗生活，展示消防队员风采。

3. 电视消防宣传

利用电视开展消防宣传主要有播发消防消息、专题、安全提示、公益广告及开办消防专栏等形式，这里主要对消防专题和专栏进行简要介绍。

电视消防专题是指以消防内容为主题的电视专题节目，是电视台每天播出的相对独立的信息单元，主要是单个节目的组合，是按照一定内容（如新闻、知识、文艺）编排布局的完整表现形式，它有固定的名称、固定的播出时间（起止时间固定）、固定的栏目宗旨，每期播出不同的内容，来吸引人们的视线，给人们带来信息知识、享受、欢乐和兴趣。电视消防栏目是专门播出消防内容的电视栏目，也叫电视消防专栏，节目形式灵活多样，内容丰富多彩。

在这个过程中，每位学生的计算能力都得到了锻炼，也让他们体会到了参与社会生活的快乐，使其既运用了数学知识，又发展数学思维，还有培养情感、态度与价值观的作用，一举多得。

（1）栏目定位。栏目定位的内容包括受众定位、内容定位、形式定位。

①栏目的受众定位，也就是栏目的受众对象的定位，它受制于电视媒体定位和电视节目的频道定位。考虑因素包括受众的政治、经济、文化、社会背景，受众的年龄、性别、职业、文化程度和个人爱好等。

②栏目的内容定位主要是指栏目的宗旨、性质、文化品位、地方特

色等。这主要取决于栏目的受众定位，根据不同的受众加强内容的针对性。

③栏目的形式定位，主要表现在栏目的结构形态、表达方式以及时段选择等方面。

（2）栏目选题。将选题重点放在消防工作及其与社会方方面面的关系上。

（3）栏目结构。一般由三方面组成。

①社会背景展示。栏目首先要交代好选题的社会背景、包括社会影响度、百姓关注度和选题相关的政策法规以及知识。

②主题故事叙述。要努力做到展示矛盾、抓住细节、制造悬念、讲好故事。特别是要注意运用悬念，即在节目的每一个要害处、人物命运的每一个转折点，埋下伏笔，留下想象空间，从而抓住观众的解谜、求知心理。

③专家分析评述。由于专家讲评往往是从具体的消防事例入手，容易谈得具体、生动，使观众对相关的法律问题，能够从感性上升到理性的认识，使观众易于接受和理解。

4. 科普阵地宣传

借助当地消防博物馆、消防体验馆以及各消防站等消防科普教育场馆，有计划地组织市民、单位员工、学校师生参观体验，学习了解消防自救互救技能和常识。

依托消防科普教育基地开展消防科普宣传教育活动，是提高全民消防安全意识的重要途径。消防科普教育基地专业化、规模化、大众化，以及针对性、常识性、趣味性强的特点，可以有效地增强社会公众的消防安全意识，更好地帮助社会公众消除错误的消防观念和误区，从而推动社会公众养成良好的消防行为习惯，最大限度地预防和遏制火灾事故的发生。大力开展消防科普教育工作，还可以积极争取社会各方面的支持，在全社会形成一个人人关心消防，人人重视消防，自觉做好消防工作的良好局面。

从宣传教育整体的格局来看，各级各类消防科普教育基地已经成为开展社会化消防宣传教育、普及消防安全知识、传播消防安全理念、提高全民消防安全意识的主阵地，以面对面、手把手的形式，以融合知识性和趣味性于一体的手段，以直观、通俗、亲民的效果，对前来参观体验的受众起到了最直接的示范作用，具有很高的宣传效果和实践价值。

5. 直播宣传

直播是一个现代的、实时的交流方式，广泛应用于社交媒体和线上平台。近年来，直播已经成为人们获取信息、学习和娱乐的重要方式。利用直播方式宣传消防知识，能够更直观、生动地传递信息，使更多的人接触并理解消防知识，提高公众的防火意识和防火能力。

在利用直播的方式宣传消防知识时，首先要对消防知识有全面深入的了解，以便在直播中准确地传播信息，还需要准备一些实物和视觉素材，如消防设备、消防演练的视频片段等，以增强直播的观赏性和教育性。在直播中，应以生动有趣的方式介绍消防知识，增强观众的兴趣和参与度。同时，要随时回答观众的问题，和观众进行互动（图 4-2）。包括火源的控制、防火安全措施、火灾的识别和报警等；可以演示如何使用灭火器、怎样正确拨打消防电话、逃生的正确方法等；分享一些火灾案例，让观众了解火灾的严重性和防火的重要性。结束直播后，将直播的视频进行整理，可以分成若干小段，按照主题进行分类。然后将这些视频分享到社交媒体、网站等平台，让更多的人可以观看和学习。

图 4-2 直播宣传

三、社会消防宣传教育力量

做好消防宣传教育工作，必须发挥各级政府和有关行业主管部门的主导作用，形成齐抓共管的局面。《消防法》第六条规定，各级人民政府应当组织开展经常性的消防宣传教育，提高公民的消防安全意识。机关、团体、企业、事业等单位，应当加强对本单位人员的消防宣传教育。消防救援机构应当加强消防法律、法规的宣传，并督促、指导、协助有关单位做好消防宣传教育工作。教育、人力资源行政主管部门和学校、有关职业培训机构应当将消防知识纳入教育、教学、培训的内容。新闻、广播、电视等有关单位，应当有针对性地面向社会进行消防宣传教育。工会、共产主义青年团、妇女联合会等团体应当结合各自工作对象的特点，组织开展消防宣传教育。村民委员会、居民委员会应当协助人民政府部门，加强消防宣传教育。这些规定从法律上为消防宣传教育力量的形成和消防宣传工作的开展奠定了社会基础。

（一）机关、团体、企业、事业单位

单位是社会的基本组成细胞，单位可以分为机关、团体、企业、事业等单位，这些单位是消防宣传工作最可倚重的社会资源。机关、团体、企业、事业单位中法人单位的法人代表人或非法人单位的主要负责人是单位的消防安全责任人，对本单位的消防安全工作全面负责。单位应逐级落实消防安全责任制和岗位消防安全责任制，逐级明确岗位消防安全职责，确定各级、各岗位的消防安全责任人。

一般来说，单位应做好以下工作。

1. 建立消防宣传教育制度

按照规定，机关、团体、企业、事业单位应建立本单位消防安全宣传教育制度，健全机构，落实人员，明确 责任，定期组织开展消防安全宣传教育活动。单位宣传制度的建立为消防宣传活动的开展提供了有力的保障。

2. 组织灭火、逃生疏散演练

机关、团体、企业、事业单位应制定灭火和应急疏散预案，张贴逃生疏散路线图。按照规定，消防安全重点单位至少每半年、其他单位至少每年组织一次灭火、逃生疏散演练。这些演练普及了单位的消防知识技能，提高了他们的消防知识水平。

3. 定期开展全员消防安全培训

机关、团体、企业、事业单位应定期开展全员消防安全培训，确保全体人员懂基本消防常识，掌握消防设施器材使用方法和逃生自救技能，会查找火灾隐患、扑救初起火灾和组织人员疏散逃生。这些定期开展的安全培训为消防宣传教育打下了坚实的基础。

4. 开展消防安全知识的宣传

机关、团体、企业、事业单位应设置消防宣传阵地，配备消防安全

宣传教育资料，经常开展消防安全宣传教育活动；单位的墙报、黑板报、广播、闭路电视、电子屏幕、局域网等应经常宣传消防安全知识。这些单位内部的宣传教育可以起到教育一个员工、影响一个家庭的作用，从而带动社会对消防安全的关注。

单位这些工作的开展，为宣传教育打下了良好的社会基础，并在此基础上进一步提高宣传的广度和高度，可以收到很好的宣传效果。

（二）居民委员会、村民委员会等基层组织

社区、农村火灾大多发生在居民家庭，给人民群众的生命财产造成直接威胁，加强消防宣传，提高居民的消防安全意识和逃生自救技能，是减少社区、农村火灾最直接、最有效的途径。居民委员会、村民委员会等落实自身消防宣传工作职责，开展多种形式的宣传教育活动，具体应做好以下工作。

（1）居民委员会、村民委员会建立并落实社区、农村消防宣传制度，定期对居民、村民组织开展消防宣传教育。

（2）居民委员会建立义务或志愿消防宣传组织，每年组织开展不少于一次的消防专题宣传，开展群众喜闻乐见的消防宣传活动。

（3）居民委员会利用宣传橱窗、公告栏等经常开展消防安全知识宣传。

（4）居民委员会在社区普及社区、家庭消防安全知识。

（5）居民委员会定期组织群众就近参观消防站。利用社区警务室建立消防宣传活动室，配备必要的灭火器材、消防训练演示器具和消防宣传教育资料，如图文并茂的火灾案例、形象生动的消防漫画、言简意赅的消防警示标语、消防安全挂图等音像、报刊资料等。

（6）居民委员会有针对性地组织对社区孤寡老人和儿童等特殊群体的消防宣传教育。

（7）村民委员会及其他村民自治组织制定村民防火公约，建立消防

宣传教育制度和活动档案，并积极利用民风习俗、乡规民约、墙报、标语、广播等形式，宣传普及消防常识。鼓励设立固定消防安全宣传牌、宣传栏，每年在人员集中场所组织一次消防宣传教育活动，发挥农村警务室的作用，对农民进行消防宣传教育。

四、消防宣传教育机制创新

在我国，消防宣传教育工作已经开展多年，消防部门对消防宣传教育进行了一定的改革与探索，但受多方面因素影响，消防宣传教育难以坚持长久，所起到的教育效果十分有限。为了从根本上提高消防宣传教育效果，必须建立起一套能够充分调动有关各方积极性、主动性和创造性的宣传教育机制。机制是社会组织以及其中个体之间相互衔接、相互制约、相互配合的方式方法，机制科学有效，系统就能高效运转，得到理想的系统输出。宣传教育工作也是如此，为了提高各参与主体的积极性、主动性和创造性，必须从创新机制上入手，从根本上解决问题。具体来说应该建立或完善如下消防宣传教育机制。

（一）绩效评价机制创新

为了避免绩效评级机制对宣传教育创新性和创造性的遏制，提升消防宣传教育资金使用效果，必须要对传统绩效评价机制加以改革，加快过程性指标的绩效评价机制向结果性指标体系的转变。评价指标要在完善、全面的前提下做到尽可能少，易于计量、衡量，易于实际操作，确保所选指标能够真正衡量一个地区或者一个单位消防宣传教育的实际效果。通过建立科学的绩效评价机制可以对宣传教育工作的开展起到积极、正确的导向作用，提高宣传教育工作的效率和资金使用效益。推荐可以使用如下绩效衡量指标。

（1）所考评区域内农村火灾死亡人数占农村总人口数的比例。

（2）所考评区域内各城市火灾死亡人数占城市总人口数的比例。

（3）所考评区域内各城市非家庭火灾死亡人数与城市 GDP 之比。非家庭火灾主要是指城市中企事业单位所发生的火灾。

（4）所考评区域内各城市非家庭火灾财产损失与城市 GDP 之比。

以上“所考评区域”可以是指一个地级市所辖区域，则可通过一定的方法考评该地消防支队的消防宣传教育的效果，也可考察地级地方政府在消防宣传教育方面的工作业绩；

“所考评区域”也可以是指一个城市所辖区域，则可通过一定的方法考评该地消防大队级单位的消防宣传教育的效果，也可考察该地地方政府在消防宣传教育方面的工作业绩；

“所考评区域”也可以指一个省所辖区域，则可通过一定的方法考评该省消防总队的消防宣传教育的效果，也可考察该省级政府在消防宣传教育方面的工作业绩。

根据以上评价指标，使用一定的评价方法（如模糊综合评价方法）形成科学的评价方案。

根据评价方案，对各级各类单位的消防宣传教育工作进行绩效考评。

（二）系统协调机制

消防部门是承担消防宣传教育工作的主体，但消防部门在对社会公众进行消防宣传教育工作的过程中，必须要得到其他各社会部门的配合和合作才能顺利开展。消防宣传教育工作涉及多个国家机关和政府部门，如宣传部门、公安部门、教育部门、民政部门、文体部门、卫生部门、广电部门、安监部门。各个部门应该通力合作，才能取得最好的宣传教育效果。

为得到各部门的配合，消防部门可在政府牵头的基础上，建立部门联动机制，明确各部门在部门联动工作中承担的宣传教育职责、任务，同时还要明确奖惩措施。使消防宣传教育工作成为各有关部门的重要工作内容。年初应要求各部门签订消防责任书，详细规定每年应该组织或者配合消防部门组织哪些消防宣传教育活动，责任书中应明确量化考核标准，要坚决杜绝标准模糊、模棱两可的要求和措辞。年终，要对各部门在宣传教育工作中的表现进行考核，从源头上解决各部门在消防教育工作中的各种不良现象，确保各部门主动积极地与消防部门相互配合，降低消防部门开展消防宣传教育工作中所面临的阻力和压力，把消防部门从烦琐的公关工作中解脱出来，使他们能够专心从事专业工作，提高消防宣传教育工作效率。

（三）资金保障机制

消防宣传教育工作是一项立体式、长期性的工作，需要政府、部门、单位、个人共同参与。近年来，各级政府加大了消防部队营房、装备建设的资金投入，消防硬件建设有了大幅度提高，但作为消防安全基础性工作的消防宣传教育工作的投资力度明显偏低。为了使消防宣传教育工作所需资金得到有效保障，必须探索全方位的资金保障机制，实现开源节流的目的。在开源方面，要争取财政更大的支持，各级政府和财政部门要加大对消防宣传教育工作的重视程度和资金投入，要通过各种途径使各级政府部门认识到消防宣传教育工作是一项防患于未然的工作，是一项能起到四两拨千斤的工作，投入一万元，就能降低损失十万元乃至百万元，是一项减少火灾伤亡人数的根本性工作，是一项民心工程，因而应该加大资金投入。

另一方面，消防宣传工作是一项服务社会、服务人民的社会公益事业，需要大量的资金投入，单靠政府拨款还不够，还要广开财源，探求更多的资金来源方式。例如，可以探索成立消防宣传教育基金会的方法，从社会各界吸纳资金和捐款，鼓励企业和个人进行消防宣传捐赠，从而保证消防宣传工作更好地服务社会，回报社会。

另外，还必须让消防宣传工作走市场化发展的道路。要实现消防宣传工作跨越式大发展，应当本着“谁宣传、谁受益”的指导思想，广辟

渠道，争取资金。例如，可将消防公益宣传与商业广告相结合，以弥补消防宣传资金不足，实现社会效益与经济效益双赢。例如，可以确定一家成规模的广告公司为消防公益广告代理商，通过广告公司吸纳、获得消防宣传经费。当然，消防部门在与广告公司进行合作的过程中要始终坚持主导方向，以社会效益为主，明确双方的责、权、利，防止公司为了追求效益最大化，以次充好，降低投放面，也要防止广告公司损坏消防部队形象。

资金保障机制所起到的作用应该体现在两个方面，一是为消防宣传教育工作提供充足的资金保证；二是要通过科学的可操作性强的监督和评价机制保证资金的使用效果，不浪费宝贵的消防宣传教育资金。因此，每一笔资金在投入使用之前，都应该采取民主的方法科学评价拟投入资金的消防宣传教育项目的预期效果，进行严肃的效费比分析，确保每一分钱都花在刀刃上。只有这样，才能充分发挥经费的保障功能，有效提高经费的使用效益。在这方面，要向私有企业学习。

第二节　消防安全培训

一、消防安全培训目的及意义

消防培训作为消防工作不可缺少的一部分，是实现高效履行消防安全职责、保障消防安全的重要保证，是提高社会成员消防安全素质的重要手段。

消防培训的首要目标就是要提高全社会的消防意识和防灾能力，提高消防的社会影响力。随着时代的发展、科技的进步，消防培训将适应时代的要求不断完善，从而为社会培养需求的消防专业人才，为全社会消防安全状况的改善贡献力量。

一是落实单位消防安全主体责任，实现消防工作社会化的需要。

消防工作是一个复杂系统工程，仅仅靠公安、消防部门唱“独角戏”是难以实现工作目标和任务的，必须按照《消防法》要求，建构“政府统一领导、部门依法监管、单位全面负责、群众积极参与”的消防工作格局，通过广泛开展各类消防安全专门培训，让每位群众了解掌握消防法律法规，推动每一个成员依法履行自己的消防安全责任和义务。

二是确保单位人员生命和财产安全，实现经济效益各项工作完成的基础。没有好的消防安全环境，就没有经济的发展。一个单位发展得再快，经济再好，如果只顾效益，不重安全，一把火就可能烧得倾家荡产，这在火灾史上已是屡见不鲜。随着社会主义市场经济的不断深入，单位要想在竞争中求得生存和发展，必须保证两点：一是效益上有创收；二是安全要有保障。为此，单位消防安全教育培训作为是单位消防安全工作一项重要工作尤为重要。

三是开展消防安全教育和培训是适应新形势下单位消防安全管理的需要。近几年，我国、我省为加强单位消防安全管理，对一些重点工程、重点岗位的人员必须实行持证上岗制度，尤其是消防安全责任人、消防安全管理人及值班室操作人员等岗位和工种必须经过消防执业资格培训，获得相应的执业资格后才能上岗。这是单位内部消防安全管理和消防工作新形势下的必由之路。

二、消防安全培训对象及要求

（一）各类单位（场所）消防培训

“消防培训”是指通过对某一特定人员或群体进行消防理论方面或技能方面的训练，使其达到某一消防岗位的需求或提高其火场自救逃生的能力。目前，许多地方设立了社会化消防培训机构，并采取了科学有效的措施，大力推行社会化培训活动，均取得了一定成效。派出所日常消防监督检查中，应对各类单位（场所）开展消防培训情况进行检查（表4-1）。

表 4-1　各类单位（场所）开展消防培训情况一览表

单位（场所）	培训要求
居住住宅区的物业服务企业	（1）物业服务企业的消防安全责任人、消防安全管理人和专职消防管理人员应当参加具有消防培训资质的机构组织的消防安全培训，具备相应的消防安全知识和管理能力 （2）物业服务企业应当组织员工进行岗前消防安全培训，并对每名员工每年至少进行一次消防安全培训 （3）物业服务企业应当在物业服务工作范围内，根据实际情况积极开展经常性消防安全宣传教育，每年至少组织一次本单位员工和居民参加的灭火和应急疏散演练
居民委员会 村民委员会	社区居民委员会、村民委员会应当开展下列消防安全教育工作 （1）组织制定防火安全公约 （2）在社区、村庄的公共活动场所设置消防宣传栏，利用文化活动站、学习室等场所，对居民、村民开展经常性的消防安全宣传教育 （3）组织志愿消防队、治安联防队和灾害信息员、保安人员等开展消防安全宣传教育 （4）利用社区、乡村广播、视频设备定时播放消防安全常识，在火灾多发季节、农业收获季节、重大节日和乡村民俗活动期间，有针对性地开展消防安全宣传教育。社区居民委员会、村民委员会应当确定至少一名专（兼）职消防安全员，具体负责消防安全宣传教育工作
加油（气）站	对从业人员进行安全教育、法制教育和岗位技术培训。从业人员应当接受教育和培训，考核合格后上岗作业；对有资格要求的岗位，应当配备依法取得相应资格的人员

续表

单位（场所）	培训要求
宾（旅）馆	组织从业人员开展消防知识、技能的教育和培训，按照下列要求对公众开展消防安全宣传教育 （1）在安全出口、疏散通道和消防设施等处的醒目位置设置消防安全标志、标识等 （2）根据需要编印场所消防安全宣传资料供公众取阅 （3）利用单位广播、视听设备播放消防安全知识
歌厅、舞厅、游戏（游艺）机厅	
餐饮服务场所	
洗浴、休闲场所	
商（市）场	
综合医院、专科医院及其他医疗单位	
教育培训机构（参考学校）	（1）将消防安全知识纳入教学内容 （2）在开学初、放寒（暑）假前、学生军训期间，对学生普遍开展专题消防安全教育 （3）结合不同课程实验课的特点和要求，对学生进行有针对性的消防安全教育 （4）组织学生到当地消防站参观体验 （5）每学年至少组织学生开展一次应急疏散演练 （6）对寄宿学生开展经常性的安全用火用电教育和应急疏散演练 （7）各级各类学校应当至少确定一名熟悉消防安全知识的教师担任消防安全课教员，并选聘消防专业人员担任学校的兼职消防辅导员
养老机构、幼儿园	养老院、福利院、救助站等单位，应当对服务对象开展经常性地用火用电和火场自救逃生安全教育

续表

单位（场所）	培训要求
轨道交通车站	（1）有关消防法规、消防安全制度和保障消防安全的操作规程 （2）本单位、本岗位的火灾危险性和防火措施 （3）有关消防设施的性能、灭火器材的使用方法 （4）报火警、扑救初起火灾以及自救逃生的知识和技能
水上船舶、码头	
厂房、仓库	
建设工程工地	（1）建设工程施工前应当对施工人员进行消防安全教育 （2）在建设工地醒目位置、施工人员集中住宿场所设置消防安全宣传栏，悬挂消防安全挂图和消防安全警示标识 （3）对明火作业人员进行经常性的消防安全教育 （4）组织灭火和应急疏散演练在建工程的建设单位应当配合施工单位做好上述消防安全教育工作
消防设施操作员	从事机关、团体、企业、事业单位消防控制室的监控值班巡逻操作人员（原建、构筑物消防员）
灭火救援员	从事火灾扑救、抢险救援和应急救助的消防人员

（二）消防职业资格培训

对于符合法律法规要求，需持证上岗的消防相关职业（表4-2），应当取得“消防职业资格证书”。消防职业资格证书由中华人民共和国人力资源和社会保障部统一印制核发，属于国家级别的职业资格证书。根据国家消防救援局（原为应急管理部消防救援局）要求及国家人力资源和社会保障部部署，将消防行业职业资格证书纳入全国联网管理，通过网上查询，可以了解持证书人掌握消防专业知识和实际操作技能的基本情况，也可辨别证书的真伪。

表 4-2　消防职业资格培训一览表

<table>
<tr><th>科目</th><th>培训对象</th><th>职业等级</th></tr>
<tr><td rowspan="3">消防设施操作员</td><td rowspan="3">从事机关、团体、企业、事业单位消防控制室的监控值班巡逻操作人员</td><td>五级 / 初级</td></tr>
<tr><td>四级 / 中级</td></tr>
<tr><td>三级 / 高级</td></tr>
<tr><td rowspan="3">灭火救援员</td><td rowspan="3">从事火灾扑救、抢险救援和应急救助的消防人员</td><td>五级 / 初级</td></tr>
<tr><td>四级 / 中级</td></tr>
<tr><td>三级 / 高级</td></tr>
</table>

（三）消防重点岗位人员培训

根据《消防法》《机关、团体、企业、事业单位消防安全管理规定》等法律法规要求，各单位消防重点岗位人员需进行专门培训。具体要求见表 4-3。

表 4-3　消防重点岗位培训一览表

<table>
<tr><th>科目</th><th>培训对象</th><th>培训依据</th></tr>
<tr><td rowspan="7">危险化学品</td><td>操作员</td><td rowspan="7">（1）《消防法》
（2）《危险化学品安全管理条例》
（3）《高等学校消防安全管理规定》</td></tr>
<tr><td>驾驶员</td></tr>
<tr><td>押运员</td></tr>
<tr><td>装卸员</td></tr>
<tr><td>保管员</td></tr>
<tr><td>经营销售人员</td></tr>
<tr><td>液化气堵漏员</td></tr>
</table>

续表

科目	培训对象	培训依据
消防管理	消防安全责任人	（1）《机关、团体、企业、事业单位消防安全管理规定》 （2）《国务院关于加强和改进消防工作的意见》 （3）《人员密集场所消防安全管理》
	消防安全管理人	
	专（兼）职消防管理员	
	物业消防管理员	
	社区消防管理员	
	人员密集场所消防管理员	
	娱乐场所消防管理员	
	消防安全网格管理员	
动火作业	动火员	（1）《消防法》 （2）《国务院关于加强和改进消防工作的意见》（国发〔2011〕46号）
	审批员	
	监护员	

三、消防安全培训的内容与形式

（一）消防安全培训的内容

1.火灾原因

生活因素，常见的就是取暖操作不当、煤气（天然气）使用不当等；其次是电器引起的火灾，如使用的充电器接头老化；最后就是一些工厂的工人操作不当引起的火灾。

2.逃生技巧

火灾发生时，要利用疏散通道逃生，或者是利用建筑物逃生，如果楼层不高，可以自制器材（如将床单接到一起）逃生。当然，更重要的是学会如何使用灭火器进行灭火，一般小区的楼层都会放置有干粉灭火器。

3. 火灾类型及如何选用灭火器

常见有三类火灾，第一种是碳固体火灾，可以选用的灭火器包括清水灭火器、泡沫灭火器；第二种是可燃液体火灾，可以选用的灭火器包括干粉灭火器、二氧化碳灭火器等；最后一种是可燃气体火灾，可供选择的灭火器有两种，分别是干粉灭火器和二氧化碳灭火器。

4. 消防安全知识

首先就是4个能力，即消除火灾隐患能力、扑救初期火灾能力、消防安全知识宣传教育能力等；发生火灾时，如果超出了个人可以控制的范围，第一时间要做的就是拨打“119”，如果具备一定的消防知识，可以选择协助消防灭火。

每个人都应当学习一点消防安全的知识，平日里要做到防患于未然。

（二）消防安全培训的形式

消防安全培训的形式是由消防安全培训的对象、内容以及各单位消防工作的具体情况决定的，按受教育的多少和教育的层次可归纳为以下几种。

1. 按培训对象人数的多少

消防安全培训按被教育对象的多少，分为集中培训和个别培训两种形式。

（1）集中培训。集中培训就是将有关人员集中在一起，根据特定的情况和内容进行培训，又可分为授课式和会议式两种情况。

①授课式。授课式主要是以办培训班或学习班的形式，将培训人员集中一段时间，由教员在课堂上讲授消防安全知识。这种方式，一般是有计划进行的一种消防安全培训方式。例如，成批的新工人入厂时进行的消防安全培训、消防救援机构或其他有关部门组织的消防安全培训等

多采用此种方式。

②会议式。会议式就是根据一个时期消防安全工作的需要，采取召开消防安全工作会、消防专题研讨会、火灾事故现场会等形式，进行消防安全培训教育。

根据消防工作的需要，定期召开消防安全工作会议，研究解决消防安全工作中存在的问题；针对消防安全管理工作的疑难问题或单位存在的重大消防安全隐患，召开专题研讨会，研究解决问题的方法，同时又对管理人员进行了消防安全教育；火灾现场会教育是用反面教训进行消防安全教育的方式。本单位或其他单位发生了火灾，及时组织人员在火灾现场召开会议，用活生生的事实进行教育，效果应该是最好的。在会上领导干部要引导分析导致火灾的原因，认识火灾的危害，提出今后预防类似火灾的措施和要求。

（2）个别培训。个别培训就是针对具体情况，对个体进行个别指导，纠正错误之处，使其各项工作开展逐步达到消防安全的要求。个别培训主要有岗位培训教育、技能督查教育两种。

岗位培训就是根据岗位实际情况和特点而进行的。通过培训使受训人员能够正确掌握“应知应会”的内容和要求。技能督查是指消防管理人员在深入到工作岗位督促检查消防教育结果时发现问题，要弄清原因和理由，提出措施和要求，根据个人的不同情况，采取个别指导或者其他更恰当的方法对其进行教育。

2.按培训的层次

以企业事业单位为例，消防安全培训教育的不同层次可以分为厂（单位）、车间（部门）、班组（岗位）三级。要求新职工，包括从其他单位新调入的职工，都要进行三级消防安全培训教育。

（1）厂级培训教育。新工人来单位报到后，首先要由消防安全管理人员或有关技术人员对他们进行消防安全培训，介绍本单位的特点、重点部位、安全制度、灭火设施等，学会使用一般的灭火器材。从事易燃易爆物品生产、储存、销售和使用的单位，还要组织他们学习基本的化工知识，了解全部的工艺流程。经消防安全培训教育，考试合格者要填写消防安全教育登记卡，然后持卡向车间（部门）报到。未经过厂级消防安全教育的新工人，车间可以拒绝接收。

（2）车间级培训教育。新工人到车间（部门）后，还要进行车间级培训教育，介绍本车间的生产特点、具体的安全制度及消防器材分布情况等。教育后同样要在消防安全教育登记卡上登记。

（3）班组级培训教育。班组级消防安全培训教育，主要是结合新工人的具体工种，介绍岗位操作中的防火知识、操作规程及注意事项，以及岗位危险状况紧急处理或应急措施等。对在易燃易爆岗位操作的工人以及特殊工种人员，上岗操作还要先在老工人的监护下进行，在经过一段时间的实习后，经考核确认已具备独立操作的能力时，才可独立操作。

此外，在消防安全培训教育中，激励教育是一项不可缺少的教育形式。激励教育有物质激励和精神激励两种，如对在消防安全工作中有突出表现的职工或单位给予表彰或给予一定的物质奖励，而对失职的人员给予批评或扣发奖金、罚款等物质惩罚，并通过公众场合宣布这些奖励或惩罚。这样从正反两方面进行激励，不仅会使有关人员受到物质和精神上的激励，同时对其他同志也有很强的辐射作用。所以激励教育对职工群众是十分必要的。

四、消防安全培训各方管理职责

（一）消防救援机构的职责

消防救援机构在消防安全培训教育工作中应当履行下列职责，并由消防机构具体实施。

（1）掌握本地区消防安全培训教育工作情况，向本级人民政府及相关部门提出工作建议。

（2）协调有关部门指导和监督社会消防安全培训教育工作。

（3）会同教育行政部门、人力资源和社会保障部门对消防安全专业培训机构实施监督管理。

（4）定期对社区居民委员会、村民委员会的负责人和专（兼）职消防队、志愿消防队的负责人开展消防安全培训。

（二）教育行政部门的职责

教育行政部门在消防安全培训教育工作中应当履行下列职责。

（1）将学校消防安全培训教育工作纳入培训教育规划，并进行教育督导和工作考核。

（2）指导和监督学校将消防安全知识纳入教学内容。

（3）将消防安全知识纳入学校管理人员和教师在职培训内容。

（4）依法在职责范围内对消防安全专业培训机构进行审批和监督管理。

（三）民政部门的职责

民政部门在消防安全培训教育工作中应当履行下列职责。

（1）将消防安全培训教育工作纳入减灾规划并组织实施，结合救灾、扶贫济困和社会优抚安置、慈善等工作开展消防安全教育。

（2）指导社区居民委员会、村民委员会和各类福利机构开展消防安全培训教育工作。

（3）负责消防安全专业培训机构的登记，并实施监督管理。

（四）人力资源和社会保障部门的职责

人力资源和社会保障部门在消防安全培训教育工作中应当履行下列职责。

（1）指导和监督机关、企业和事业单位将消防安全知识纳入干部、职工教育、培训内容。

（2）依法在职责范围内对消防安全专业培训机构进行审批和监督管理。

（五）安全生产监督管理部门的职责

安全生产监督管理部门在消防安全培训教育工作中应当履行下列职责。

（1）指导、监督矿山、危险化学品、烟花爆竹等生产经营单位开展消防安全培训教育工作。

（2）将消防安全知识纳入安全生产监管监察人员和矿山、危险化学品、烟花爆竹等生产经营单位主要负责人、安全生产管理人员及特种作业人员培训考核内容。

（3）将消防法律法规和有关技术标准纳入注册安全工程师及职业资格考试内容。

（六）其他行政部门的职责

住房和城乡建设行政部门应当指导和监督勘察设计单位、施工单位、工程监理单位、施工图审查机构、城市燃气企业、物业服务企业、风景名胜区经营管理单位和城市公园绿地管理等单位开展消防安全培训教育工作，将消防法律法规和工程建设消防技术标准纳入建设行业相关职业人员的培训教育和从业人员的岗位培训及考核内容。

文化、文物行政部门应当积极引导创作优秀消防安全文化产品，指导和监督文物保护单位、公共娱乐场所和公共图书馆、博物馆、文化馆、文化站等文化单位开展消防安全培训教育工作。

广播影视行政部门应当指导和协调广播影视制作机构和广播电视播出机构，制作、播出相关消防安全节目，开展公益性消防安全宣传教育、指导和监督电影院开展消防安全培训教育工作。

旅游行政部门应当指导和监督相关旅游企业开展消防安全培训教育工作，督促旅行社加强对游客的消防安全宣传教育，并将消防安全条件纳入旅游饭店、旅游景区等相关行业标准，将消防安全知识纳入旅游从业人员的岗位培训及考核内容。

第五章　消防应急科普机制研究

第一节　消防应急科普的必要性与现状

一、消防应急科普的必要性

世界各国经验表明，在突如其来的火灾面前，许多人采取了一些不正确的逃生方式。在实际的火灾场景下，人们的行为不仅会受到火场环境条件的影响，而且受到个人生理、心理特征的影响，因而在突发火灾场景下的疏散和逃生行为会有较大的差别。①

通过分析 2011—2022 年来较重大的火灾事故案例（案例来源：公安部），从人员行为的角度分析致灾的原因与后果，以期提高公众对消防隐患及安全风险的认识和辨别能力，引导公众行为。通过对 58 起火灾案例的分析发现，“人的不安全行为”是造成事故灾害损失的重要原因之一，具体如图 5-1 所示。

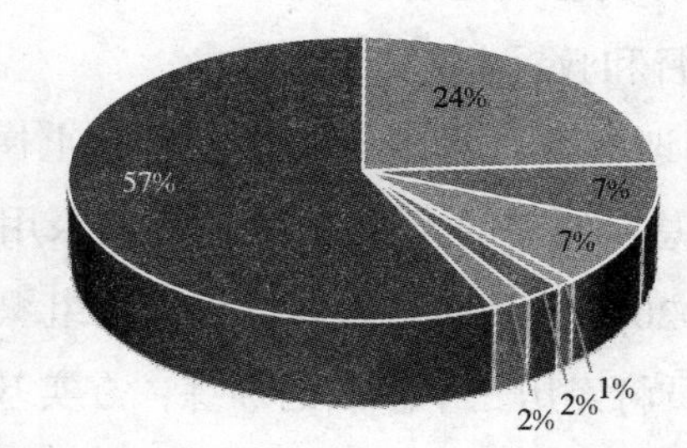

图 5-1　58 起火灾事故案例中人的不安全行为类别占比

① 易亮，朱书敏，徐志胜．等．火灾影响下人员行为量化分析研究[J]．中国西部科技，2010，9（8）：4-6.

通过对58起案例的详细分析，初步得出以下结论。

（1）火灾自救逃生知识缺乏。

（2）楼梯间内违章堆放杂物，封堵逃生之路。

（3）疏散时未采取正确的保护措施。

（4）缺少灭火器材，小火成大灾。

基于案例分析认为，通过积极的安全文化、消防应急科普教育，进行灾害事故预防，向公众传播消防安全与应急知识，培训演练，形成自救互救能力，引导民众树立正确的消防安全理念，形成良好的安全习惯，对提升人们的消防安全素质具有重大而深刻的现实意义。

二、我国消防应急科普现状

（一）基本概况

随着社会对消防安全的重视，我国各地为加强针对性和实效性的火灾宣传以及教育，开展了形式多样的科普活动。目前，我国承担火灾安全教育宣传和科普任务的主要是各级政府工作部门、学校等，其精力和经费在安全教育的监督和救援上。

根据消防人员培训标准，我国消防员需持证上岗。以四川省为例，根据四川省消防救援总队制定的《总队2020年新录用消防员入职培训方案》和《关于成立2020年度消防员入职培训大队组织机构和临时党委的批复》，新录用消防员将经历三个阶段的训练：夯实基础阶段（3个月）；全面提升阶段（6个月）；准备阶段（3个月）。

全国各消防救援总队实施“抗洪抢险专业编队”，对编队人员开展一系列的抗洪抢险救援技术培训，尤其是专业岗位需要持证上岗，并组织应急拉动演练，还配备有齐全的救援设备，既包括冲锋舟、橡皮艇、气垫船等装备，也包括救援机器人、生命探测仪等先进的仪器装备。

在承担宣传和科普工作上，人手明显不足。社会组织、志愿者、企业等成为火灾科普的重要力量。这些社会力量主要通过建设科普教育基地、组织科普教育活动和消防演习、开展线上线下消防专项会议论坛、培训等形式推动火灾科普，这类消防科普受众范围较广。

目前，社会力量多依托较为专业的团队，以消防安全科学和技术领域的最新科技成果，开展消防科普。消防科普的内容包括火灾基础知识、消防法规常识、消防系统和设备、火灾防护、消防救援组织机构及日常工作程序、认知心理学、风险评估、应急避险、紧急救护等。科普技术手段也逐渐多样化，除了传统的多媒体、现场演示和互动体验等教学模式外，通过 VR 消防科普系统，使受众人群在寓教于乐的过程中学习消防知识和技能，潜移默化地帮助公众养成良好的消防安全行为和习惯。

（二）机制分析

1. 管理与执行机制

国家设立应急管理部，统抓应急处置、应急管理、应急救援和应急科普等工作，明确与各政府部门的职责分工，并建立协调配合机制，必要时会同各相关部门共同应对突发性事件。在消防科普方面，火灾防治管理司需要进行火灾预防和监督，指导城镇、农村消防工作的落实；国家消防救援局（原为应急管理部消防救援局）除了承担组织指导城乡综合性消防救援工作外，还会组织指导消防安全宣传教育工作，进行应急科普。

在城市层面，与消防科普相关的政府机构主要有两类：一类是消防机构的宣传教育部门，如消防局宣传处和教导大队；另一类各级城市人民政府组建的安全生产委员会，会同以消防局牵头的防火安全委员会共同组织，按照街道各级消防管理网格进行公众消防科普教育。

目前我国的消防应急科普体系涉及部门庞杂，且工作分配不清，导致推进效率略低。

2. 社会动员机制

学校、研究机构、社会组织、企业等是我国消防安全教育宣传和科普的重要力量。它们通过多样化的科普形式，面向政府部门、从业人员、社会公众、青少年、专业救援队伍等人群，汲取消防安全科学和技术领域的最新科技成果，开展消防教育与科普。

我国成立了许多与消防相关的社会组织。中国消防协会是我国最权威的消防社会机构，其中关于消防科普活动的展开主要由分支机构——中国消防协会科学普及教育工作委员会（以下简称“科普委”）组织。此外，我国其他民间救援队，如蓝天救援队、中国红旗救援队、壹基金救援队、中国蓝豹救援队、北京中安救援队、公羊队、北极星救援队、绿野救援队等社会组织也都自发组织消防安全科普活动。

近年来，随着政府对消防应急科普工作的日益重视以及人们对安全环境需求的日益增长，国内的一些私营企业也逐渐开始拓展安全宣教的业务，如消防类安全体验场馆、设备以及培训等。一些民营企业看到应急科普、安全教育相关市场的潜力，正积极探索安全文化教育的业务。但是，从国内市场整体来看，目前仍处于初步的探索阶段，亟须政府开展技术引导和项目扶持。目前“互联网+安全培训”模式得到国家的推广，国内涌现了一批提供科技性、创新性、实用性的安全教育培训服务新模式的企业。它们除了自营消防科普产品外，还为政府建设的消防科普场馆、社会科普活动提供产品和服务，形成了一个消防科普主题的生态资源圈。

（三）教育机制

消防科普教育应该是持续性、系统性的，实现对公众伴随式、循序渐进式的长期系统教育，才能最终促进公众消防安全素质的提高。

针对职业消防员，会有培训考核的要求，对于考核不合格或其他不宜从事消防救援工作的情况，予以淘汰。职业消防员还要求具备相关急

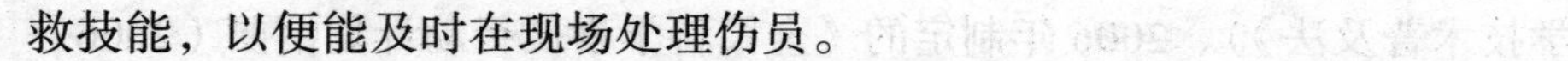

救技能，以便能及时在现场处理伤员。

针对专业消防技术人员，我国要求上岗人员具备“注册消防工程师”资格证，通过资格考核注册后，才能从事消防相关的技术咨询、安全评估、技术培训、消防设施检测、设施维护等专业技术工作。

针对企业从业人员，各单位参照相关规范标准，形成安全教育培训制度，自行组织单位全体员工定期进行培训考核。重点工种人员需专门培训，持证上岗。单位、部门对其所组织培训的时间、内容及接受培训的人员进行记录并存档。

针对大学生的专业教育，消防工程作为一项综合性学科，培养具备消防工程技术和灭火救援等方面的知识和能力，为消防救援队伍和企事业单位从事消防工程技术与管理和灭火救援指挥方面工作输送高级专门人才。目前，我国多个高校开设了消防工程专业，其中中南大学已获得消防工程博士学位授权点。

针对少年儿童，我国发行火灾科普题材的动画片、绘本等出版物，通过寓教于乐的模式传播消防知识。中小学校的消防科普教育，已经逐渐形成了伴随式教育机制，编制了中小学生消防安全读本。但针对成人的科普教育机制仍比较随机化、破碎化，主要利用消防科普活动、新闻媒体、艺术表演等形式进行阶段性的消防教育科普。

总体来说，我国目前专业性消防教育形成了较为完善的教育机制，但针对公众还是阶段性、随机性的，缺乏持续性和系统性。

（四）能力分析

1. 政策法规

相关法规政策的出台可以保证我国消防应急科普工作的规范化和制度化，并在人力、物力、财力方面给予支持和倾斜。政策文本以政策法规和标准规范为主，内容主题多为消防救援和监督。在科普政策方面，2002 年通过并实施的《中华人民共和国科学技术普及法》（以下简称《科学技术普及法》)、2006年制定的《全民科学素质行动计划纲要(2006—2010—2020年)》以及2021年国务院印发的《全民科学素质行动规划纲要(2021—2035年)》都对建设应急科普相关的基础设施做出了总体规划部署及政策性和制度性的保障。

消防应急科普方面主要集中在应急科普和安全教育的相关法规政策的小部分分类要求。比如,《中小学幼儿园安全管理办法》《中小学幼儿园应急疏散演练指南》《中小学公共安全教育指导纲要》等教育部出台的政策中对防火都提出了要求,科技部、中宣部联合制定的《"十三五"国家科普与创新文化建设规划》对环境污染、重大灾害、气候变化、食品安全、传染病、重大公众安全等群众关注的社会热点问题和突发事件提出了科普要求。此外,消防类专项法规,如《消防安全责任制实施办法》要求将消防法律法规和消防知识纳入公务员培训、职业培训内容。县级以上地方各级人民政府应当加强消防宣传教育,通过政府采购公共服务等形式,不断推进消防应急科普工作。有计划地建设公益性消防科普教育基地,开展消防科普教育活动。

总的来说,我国消防安全方面出台的政策法规、标准规范较多,但涉及的消防科普内容较少,主要集中于消防监督和救援上,缺乏单独的消防科普政策指导。《科学技术普及法》《消防法》等相关法律对公众消防科普教育均做出了相应规定,但这些规定并没有针对具体措施的要求,更没有监督检查规定,使得公众消防科普教育措施往往偏重形式,缺乏实效性。

2. 人才

目前,我国承担消防安全教育宣传和科普任务的人员较广,在政府机构,从国家消防救援局新闻宣传司、火灾防治管理司、消防救援局,到地方的消防安全管理委员会、应急局及各委办局,再到基层的街道消委会、派出所、居委社区工作组织等,都有专职人员负责组织安全教育科普,并有消防机构的消防专业人员指导配合其工作。

在社会组织方面，我国在1984年成立的中国消防协会，是由消防科学技术工作者、消防专业工作者和消防科研、教学、企业单位自愿组成的学术性、行业性、非营利性的全国性社会团体，是火灾科普的重要力量。他们通过消防协会的统一部署，投身社会科普教育。此外，许多公益紧急救援机构或者志愿者等，可随时待命应对各种紧急救援。

在科研领域方面，消防行业构建了以天津、上海、沈阳、四川消防研究所为骨干，涵括大学、企业和产业部门研究机构的消防科学研究体系，为智慧消防建设提供了技术保障。

总的来说，政府部门缺乏专门的人员专职专干，消防科普教育活动经常是不连续的，缺乏系统性，专业人员的参与多为随机性，缺乏专门的人才保障。

3. 基础设施

消防安全教育场馆是消防科普宣教的重要载体。我国高度重视消防安全教育场馆建设。2004年，公安部消防局、中国科协科普部和中国消防协会联合命名29家单位为首批“全国消防科普教育基地”。随后又连续开展了三批，评选出260个全国消防科普教育基地，在2020年全国消防宣传工作会议上，8家单位获批为国家级应急消防科普教育基地。这8个国家级应急消防科普教育基地与成百个省级以下消防科普教育基地一起，构成了我国的多层级消防科普教育基地体系，是消防科普宣传的主阵地。当然，除了消防类专业场馆外，多数综合类安全体验馆都设有消防安全科普板块。我国目前有22个省（自治区、直辖市）拥有综合应急科普场馆。这些综合应急科普场馆，通过运用这些应急安全类教具，参与者可以身临其境地体验火灾、逃生和急救等情景，学习正确的行为和操作。

应急安全类教具是用于模拟和演示应急情况下的安全行为和操作的教学工具。这些教具能够帮助人们了解和掌握应急安全知识和技能，提高应对突发事件的能力。以下是一些常见的应急安全类教具。

灭火器演练器材：用于模拟火灾现场，包括可供操作的真实或仿真灭火器、可燃物模型、烟雾模拟器等。参与者可以亲自操作灭火器，学习正确使用方法和扑救火灾的技巧。

火灾逃生模拟设备：包括火灾逃生滑梯、绳网逃生装置等，用于模拟楼层高处逃生的情况。参与者可以体验逃生过程，学习正确的逃生姿势和技巧。

人工烟雾发生器：通过产生人工烟雾，模拟火灾时的烟雾环境，让参与者了解烟雾对能见度和呼吸的影响，学习正确的逃生方法和利用疏散通道的技巧。

急救模拟器材：如 CPR 模拟人体模型、模拟创伤模型等，用于教授基本的急救技能，如心肺复苏、止血、包扎等。参与者可以实际操作模拟器材，学习急救步骤和技术。

逃生通道和疏散标识：用于模拟建筑物内的逃生通道和疏散标识，让参与者了解安全出口的位置、应急疏散路线和标识，提高疏散的效率和安全性。

虚拟现实（VR）技术：利用虚拟现实技术模拟火灾、地震、洪水等灾害场景，让参与者身临其境地体验突发事件，学习应对和逃生的技能。

目前现有的消防类场馆相较于综合类安全场馆而言规模较小，科普内容主要涵盖消防安全系统发展史、消防系统的先进科技和前沿技术、消防安全教育等，如火灾疏散模拟、119 报警模拟、家庭火灾隐患排查、火灾成因实验、火灾扑救模拟等。场馆运用声光电、多媒体、虚拟结合、场景模拟等技术，结合图文知识和实操设备、道具，实现消防知识的通俗化普及，并注重参观者的参与性、互动性。

总的来说，我国已形成多层级消防安全教育场馆体系，但布局不均衡，东部发达地区明显高于西部欠发达地区，缺乏专业的大型消防科普教育基地。展品更新慢，互动功能有待加强。与其他行业的科普教育基地相比，功能发挥不够全面，利用率有待加强。

4. 宣教资源

我国针对不同受众群体，采用线上、线下相结合的方式开展适应性消防安全科普。

针对少年儿童，我国发行火灾科普题材的动画片（图 5-2）、绘本等出版物，将火灾的科普教育寓教于乐，利用动画片启蒙的形式让儿童在娱乐中学习必备的火灾应急知识。

图 5-2　家庭火灾求生能力培养系列动画

针对中小学生，应急管理部门（该部门 2018 年由公安消防部队转隶而成）中国消防协会科普教育工作委员会牵头编制了消防安全读本，部分学校还会定制安全教育读本。此外，多数中小学会在开学前开展安全教育第一课，在 119 消防日开展火灾疏散演练，举办消防安全知识答题、板报评选等活动，开展科普舞台剧（图 5-3），提升学生消防安全知识和技能。

图 5-3　科普舞台剧

针对成年人推出的消防应急科普资源则以报纸、电视、电影、广播、宣传册为主。我国消防类专业报纸较少，主要以在综合类报纸刊登消防板块为主。针对成年人的消防绘本以宣传册为主，以方便传播、发放。除传统资源外，还在微信公众号、微博、抖音等新媒体平台推送消防安全类图文信息、微视频、漫画、海报、竞答活动等，内容包括消防安全警示、火灾安全注意事项、火灾逃生技能、消防器材使用方法等。

总的来说，我国充分注意到消防科普过程中宣教资源的重要性，但目前多数绘本为自发编制，缺乏权威指导和审核，没有形成标准化体系，也没有国家权威消防宣教平台。

（五）社会活动

我国消防应急科普活动的形式多种多样。面向中小学生，组织诸如消防开学第一课、消防安全知识大赛等；面向公众，报道重大火灾事故和消防科学前沿动态，组织流动消防科普展、消防演习；面向各级干部、从业人员，依托国家行政学院、省委党校等，通过举办各类消防实务、专业培训等形式开展消防安全教育科普（图 5-4）。

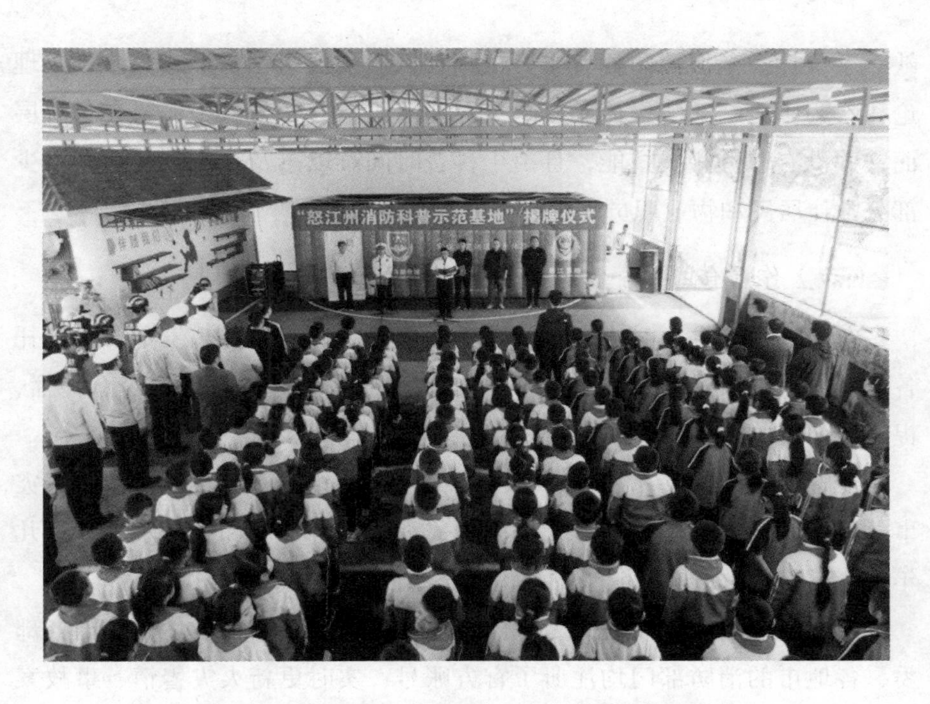

图 5-4　怒江州面向中小学生的消防科普基地揭牌

在基层社区，我国通过循环播放消防宣传视频、设立消防安全知识宣传展板讲解火灾知识，开展消防安全应急演练和紧急医疗救护教学，让参与的群众掌握消防灭火疏散技能。另外，还在微信公众号小平台开设围绕消防主题的有奖答题小程序。部分社区通过建设社区类体验馆和大篷车移动式体验馆开展消防科普活动。这类形式的应急科普活动贴近大众，有效弥补了大型综合体验馆普及率较低的不足，并极大地拓宽了消防应急科普的覆盖面。

在高校，各地区高校也积极开展“大培训、大演练、大排查”活动，贯彻落实《消防法》和《高等学校消防安全管理规定》，按照“预防为主”的理念，开展极具互动性和针对性的消防知识科普宣传活动，普及消防安全常识，提高师生自救互救和逃生能力。

总的来说，我国针对城市公众开展的消防科普教育活动较为不连续，缺乏系统性。基层消防科普主要依赖社区居委会组织，形式简单，以理论科普为主，缺乏实操体验，缺少专业队伍指导，公众多停留在了解层面，并没有掌握相关技能，且由于科普时间难以惠及全民，受众多以少部分常住居民和物业职员为主，不能真正解决问题。

（六）作品传播

在当下的信息化时代，新闻媒介在信息传播的地位越发重要，依托各类传统媒体和新媒体，消防科普作品以通俗易懂的方式向公众传播，提高了公众的应急能力，给火灾应急科普工作带来了极大的便利。

在电视层面，央视和各省市卫视都制作了相关作品，通过消防火灾事故警示、真人秀体验等形式提高全民消防综合素质和技能水平。近几年来，还通过邀请影视明星拍摄消防类型的电影来引发全民关注。

微博是新媒体的代表，为了保障内容的权威性和科学性，我国各部委、各地市的消防部门均注册了官方账号，实时更新火灾警情、事故案例、消防知识等。

各省市消防部门也通过快手、抖音等平台发布科普短视频，部分消防短视频用户粉丝量超过百万。总体来说，科普领域的用户参与度逐步提升，科普类内容更加丰富。

总的来说，近年来我国在消防作品传播层面做了很多尝试，取得了一定成效。传统媒体具有权威性强、覆盖面广的特点，但存在受众针对性不足、时效性不强、内容形式过于单一等问题。新媒体科普具有便捷性、多样性、时效性、广泛性的特点，但受众阶层、素养差别较大，真假信息混杂，易对公众产生误导。

第二节　消防科普体制机制建设的意见

消防科普在提升公众应对火灾突发事件的处置能力、心理素质和应急素养方面发挥着重要作用，能最大限度地减少火灾对人民生命健康、财产安全以及经济、社会的冲击。为进一步推进消防科普工作高质量规范化发展，亟须加强消防科普机制建设，构建政府、社会、市场协同推进，日常科普和应急科普互为补充的消防科普工作格局，形成跨部门、跨单位、全社会共同参与的消防科普体系。针对目前我国应急科普存在的问题，从协调联动机制、科普资源保障机制、消防科普服务机制等方面提出以下建议。

一、加强法制建设

当前，我国消防应急科普相关规定散见于《消防法》《科学技术普及法》《中华人民共和国突发事件应对法》《全民消防安全宣传教育纲要（2011—2015）》等法律法规。这些法律文件都规定了相关机构配合消防部门开展消防公益宣传的责任和义务，但是可操作性不强，在实施过程中难以奏效。因此，为适应消防科普内涵、机制和形式等产生的新变化，亟须整合“碎片化”消防科普法律法规，完善消防科普配套法规和落实办法。

二、完善协调联动机制建设

建立健全跨部门制度化消防科普联动机制，进一步完善政府部门与媒体、科学家开展应急科普的协同机制。推动将科协作为主导力量的科普机制接入管理机制，发挥科协系统在科普领域的平台作用、科技人才资源优势与组织优势，与消防部门合作建立科普资源共享平台，与科研机构建立消防科普内容生产平台，与宣传部门建立舆情监管机制，与教育部门、媒体平台分别建立消防科普精准传播模式，与基层社区建立消防科普教育培训机制。构建起横向到边、纵向到底、平战结合的消防科普工作体系。

三、推进科普资源保障机制建设

充分发挥科协组织人才荟萃、智力密集的优势，将高等院校、行业学会、科研院所、全国学会专家、知名企业纳入消防应急科普机制，建立并完善国家级应急科普专家库和国家级应急科普资源库，打造权威消防应急科普资源集成共享平台。充分发挥科协组织优势，建立并完善涵盖领域广、专业素质高的消防应急科普专家库，形成权威科学家、科普从业人员、科普志愿者等在内的多层次科普人才梯队。搭建信息化平台，建立全方位、多灾种、多领域的消防科普数据资源库，加强应急科普资源生产供给，建立消防科普资源开发与共享体系。

四、创新消防科普服务机制

消防科普专业性较强，单纯依靠政府开展科普还存在很多难题。因此，让专业的人做专业的事，引入社会力量，依托专业机构开展社会化托管式教育服务，可以有效解决消防教育谁来教、教什么、怎么教、何时教、怎么评等突出问题。以校园科普为例，目前校园消防安全教育托管服务机构以课堂教学、安全主题日活动、应急疏散演练、安全主题研学、安全教室搭建、在线学习、线上测评、绩效可视等为内容，实现了“教、学、练、测、评、管”“六位一体”的校园安全教育托管式服务。在全国范围内推广安全教育托管服务模式，面向更多公众开展好消防安全教育，提升广大群众安全素质水平，实现从“要我安全”到“我要安全、我会安全、我能安全”的提升。

第三节　消防应急科普能力提升的对策

具体到提升消防应急科普能力，《关于加强国家科普能力建设的若干意见》中指出，国家科普能力表现为一个国家向公众提供科普产品和服务的综合实力，主要包括科普创作、科技传播渠道、科学教育体系、科普工作社会组织网络、科普人才队伍以及政府科普工作宏观管理等方面。国内相关研究对科普能力的评估主要包括科普人员、科普场地、科普经费、科普传媒、科普活动等方面，通过构建指标体系来综合评估科普能力。本研究借鉴了这种分类，根据消防应急的特征进行完善，将消防应急科普的能力提升分为政策、人才、设施、资源、活动、作品传播六个方面。

一、政策

形成具体实施层面的消防应急科普法律。发达国家已经形成了较为完备且可操作的消防应急科普法律体系，国内也有了和消防应急科普相关的法律，即《科学技术普及法》和《消防法》，但其中对于消防应急科普的规定都是粗线条的行政性规定，对于具体科普工作的开展形式、监督检查要求等并没有具体的规定，使得当前的消防应急科普工作实效性并不高。为提高消防应急科普的能力，需要健全相关的法律体系，更加明确对消防应急科普工作的实施规定，具体来说，可以在《科学技术普及法》和《消防法》的基础上，各级政府根据地区的实际情况制定具体的消防科普条款。

落实消防设施的完整性保障法规。当前的许多建筑单位在进行消防应急能力科普的时候都强调了火灾自动报警器、灭火器的使用，但实际上许多建筑单位并没有配套完整的、合格的自动报警器和灭火器等消防设施设备，导致消防应急科普工作只是“纸上谈兵”。因此，需要消防部门落实对建筑单位消防设施的监督。

二、人才

（一）整合消防应急科普的人才

国内消防部门既要负责消防监督和灭火救援，又要负责公共消防宣传和教育任务。当前消防部门的工作重心还是在消防监督和灭火救援上。按照《消防法》修订版中“政府统一领导、部门依法监管、单位全面负责、公民积极参与”的原则，对应到消防应急科普工作，可以整合政府、部门、单位、公民四个方面的人才资源，形成一支高效、专业的消防应急科普队伍。整合消防部门的人员、高校消防安全专业研究人员、消防安全培训机构学员、社区消防安保人员、志愿团体等力量，打造一支专常兼备的人才队伍，完善消防应急科普的专家库、人才库。

（二）增加消防志愿者队伍

对比国外发达国家的消防应急科普现状，不难看出，国外的消防志愿者在消防应急科普工作中发挥了较大的作用。要壮大消防志愿者队伍，完善对消防志愿者的培训、考核和奖励机制，加速消防应急科普知识的传播，扩大消防应急科普知识的覆盖面。

三、设施

加强对消防应急科普场馆的管理和考核。国内已经建成了越来越多的消防应急科普场馆，但在实际的管理中，所覆盖的人群相对较低，科普教育形式化较严重，公众在场馆内体验的时间较短、频率较低，并没有真正达到科普教育的目的。例如，可以组织搭建第一人称沉浸式高楼救援训练系统（图 5–5），使用这样的系统，参与者可以穿戴 VR 头显和手柄等设备，进入虚拟的高楼环境。他们可以通过视觉和听觉感官，感受到仿真楼层的高度、狭窄的空间以及紧急救援时的压力和紧迫感。系统可能还包括可触摸的控制器和运动追踪设备，使参与者能够进行真实的动作，如攀爬、绳索下降和救援行动。

图 5–5　第一人称沉浸式高楼救援训练系统

四、资源

注重科普知识的科学性。进行消防科普时一定要注意科普知识的科学性，应组织权威专家对科普知识进行审核和更新，保证消防应急科普的知识在应对火灾场景是有效的。在进行消防应急科普时，对象不同科普的知识也应该不同。

注意消防知识的全面性。当前的许多消防应急科普工作，科普的知识主要是如何在火灾之前降低火灾发生的概率、火灾场景下如何救火（火灾初期）及自救（疏散逃生），但对于如何在力所能及地范围下去救助别人缺乏足够的科普。另外，当前的消防科普也主要是对于建筑物内火灾的科普，而对于交通工具火灾（车辆、地铁等）、森林火灾等缺乏足够的应急科普。在建筑物之外的火灾类型和建筑物内部的火灾，其应急科普知识是不一样的，为了更全面地保障人员的消防安全，加强应对及处置建筑物外部的火灾也是很有必要的。

五、活动

保持消防应急科普活动的常态化和吸引力。当前，国内对于消防应急知识的科普工作，主要集中在几个固定的时间点，许多地方的活动流于形式，缺乏足够的评价、考核和激励机制。活动形式较为单一，对公众缺乏足够的注意科普手段的有效性。目前的科普宣教手段大多是课堂宣教，人们是理性的状态，但在真正的火灾下人员并不是理性的状态，对于掌握的“理性”知识并不会很好地应用。因此，一方面，需要加强科普频率，让消防安全行为和消防应急能力成为下意识行为；另一方面可以通过新的科技手段进行科普，如采用虚拟现实（VR）、增强现实（AR）等手段模拟火灾场景，通过场景沉浸式交互体验的科普实践，让公众真正体验到火灾场景下该如何应对（图 5-6）。

图 5-6　科普教具体验

六、作品传播

建立各级政府领导、应急消防救援部门指导，以有关部门为主干，以其他社会力量为辅助的消防应急科普宣传体系，并完善相关的监督和指导机制。当前，消防应急科普宣传工作并未得到各级部门的足够重视，消防科普工作未建立有效的运行机制，各部门履行消防安全科普宣传义务的自觉性不高，也没有建立有效的监督机制。另外，对于消防科普宣传教育作品的推广不足。除了对优秀消防科普宣传教育作品进行表彰外，还应该加强对作品的推广，真正发挥消防应急科普作品的作用，提高制作者们的积极性，不断产生新的科普宣教作品。

加大对弱势群体的消防应急科普。消防应急科普能力的短板，是对弱势群体的科普。根据统计，妇女、儿童、老人、残障以及城市外来民工等弱势群体占全国每年火灾伤亡人数的60%。提高弱势群体的消防安全素质将有利于减少火灾伤亡。对于妇女、老人的消防科普可以通过加强基层社区对这两类人群的消防科普工作来提高他们的消防安全素质，而针对城市外来民工，由于其居住点较为分散且具有流动性，很容易成为消防应急科普的盲点，对这类人群的消防应急科普工作可以借助劳动部门，将消防应急科普教育纳入岗前培训内容，从而提高城市外来民工的疏散逃生能力和安全防范意识。

第六章　消防宣传效果研究

第一节　消防宣传效果概念与层次划分

一、消防宣传效果的相关概念

（一）宣传

根据我国学者对“宣传”二字的考证和探源，认为“宣传”一词在我国古已有之，目前比较一致的看法认为这个词在当时的使用主要是与军事和战争活动有关系的，这一点从《三国志》中对宣传一词的集中使用可以明显看出。

“延熙五年还朝，因至汉中，见大司马蒋琬，宣传诏旨，加拜镇南大将军。”（《三国志・蜀志・马忠传》）

“先主亦以为奇，数令羕宣传军事，指授诸将。”（《三国志・蜀志・彭羕传》）

“今城中强弱相陵，心皆不定，以为宜令新降为内所识信者宣传明教。”（《三国志・蜀志・贾逵传》）

在这三处的使用中，宣传一词主要指的是宣布、（军事）指导、（以现身说法的方式）说服等含义。与现代中国宣传学中的“宣传”概念并没有直接联系。

现代中国宣传学的研究中，对于宣传究竟是什么，各种说法很多，比较有代表性的如下。

周振林认为：“宣传是运用各种有意义的符号传播一定的观念，以影响人们的思想、引导人们的行动的一种社会行为。”“‘宣传’就是一部分人灌输、传达某种理论、观点、信念、主张的一种社会现象。”[①]

刘海龙认为：“宣传是宣传者有意图地操纵象征符号，塑造群体的认知方式和对现实的认知，进而影响其态度和行为的信息传播体制。”[②]应该说，从概念上来看，中国学者对宣传的理解和西方学者是趋于一致的。

刘海龙在界定宣传概念时还提出，宣传应包括六个重要的元素：①宣传者；②明确的宣传意图；③操纵象征符号；④受众是群体而非个体；⑤塑造认知方式或对现实的认知；⑥影响态度和行为。

（二）效果

效果，英译 effect；effectiveness，是由某种动因或原因所产生的结果、后果。效果是指在给定的条件下由其动因或其他原因或多因子叠加等行为对特定事物，所产生的系统性或单一性结果。

（三）宣传效果

宣传效果是指宣传活动对空间客体所产生的影响，为了达到预期的宣传效果，必须注意以下三点。

1. 宣传效果产生的过程

（1）引起宣传对象注意阶段。它可以采取行政规定，定时、定范围传播宣传内容，运用艺术手段去吸引宣传对象等三种形式。

（2）宣传对象综合处理信息的阶段。此阶段主要是以接收和记忆宣传内容，将接收的新观念与旧观念进行对比分析，从而决定取舍的过程。

（3）宣传对象的态度和行为反映阶段。态度是人的观念的直接反映。它具有两面性。宣传者要善于分析，辨别宣传对象的态度反映。还要研究态度和行为的关系，特别要探讨产生与行为不一致的原因，对于改革宣传活动，强化宣传效果极为重要。

---

① 周振林 . 实用宣传学 [M]. 哈尔滨：黑龙江人民出版社，1988：3.

② 刘海龙 . 宣传：观念、话语及其正当化 [M].2 版 . 北京：中国大百科全书出版社，2020：33-44.

2. 宣传效果的分类

（1）从效果的性质上可分为正面效果和反面效果两类。

（2）从效果的表现形式上可分为直接效果、间接效果、潜在效果和无效果四类。

（3）从宣传范围上可分为大范围效果、中范围效果以及小范围效果三类。

3. 影响宣传效果产生的因素

（1）宣传的权威性。一般而言，宣传者的权威性强弱与宣传效果成正比。而宣传者的地位、素质决定权威性强弱。

（2）宣传的吸引力。主要源于宣传的适应性和可读性。

（3）覆盖范围和强度。宣传覆盖面的大小与宣传效果成正比，相同的宣传内容被宣传次数越多，宣传效果也越大。重复的次数多少与宣传对象受刺激的强度成正比。

（四）消防宣传效果

消防宣传效果是指消防宣传活动对宣传对象和社会所产生的一切影响和结果的总体。

二、消防宣传效果的层次划分

消防教育是有层次的，并且根据群众接受消防知识的主观意识及消防实践能力，可以将他们分为“被动、主动及自动”三个层次，在被动层次，群众接受消防法教育是盲目的，还不会运用消防安全知识，而随着消防教育的深入开展，群众开始主动接受消防知识，有意识地运用消防知识，通过持续的教育，群众最终将达到“自动”层次，即学习、运用消防知识成为他们的自觉行动。“自动”既是消防教育的一个层次，也是消防教育的目的和归宿。

在消防宣传效果研究中，依照其发生的逻辑顺序和表现阶段可以分为三个层面：认知层面，即外部信息作用于人们的知识和记忆系统，引起人们消防知识量的增加和体系构成的变化；心理和态度层面，即作用人们的观念或价值体系而引起情绪或感情的变化；行动层面，即变化通过人们的言行表现出来。从认识到心理和态度再到行动，是一个效果累积、深化和扩大的过程。

（一）环境认知效果

在实际工作中，群众对消防安全形势及消防工作的总体知觉和印象很大程度上依赖于消防宣传。消防宣传以普及消防知识、传递消防信息为己任，但它不是漫无边际地传播，它宣传什么、不宣传什么、从什么角度进行宣传，都是有选择、有目的的，相应的，群众对消防工作的知觉和印象也受这种选择的影响。

（二）价值形成和维护效果

消防宣传工作中，常常包含着是与非、善与恶、进步与落后的价值判断。消防宣传提倡什么、反对什么，客观上起着形成和维护社会消防规范和价值体系的作用。这种作用是通过宣传的导向功能发挥出来的，它既可以引导形成新的规范和价值，又可以维护已有的规范和价值。

（三）社会行为示范效果

消防宣传通过向社会提供具体的工作范例或工作模式来直接、间接地影响人们的行动。一种消防工作方式或模式如果得到了广泛的宣传，群众往往会学习或仿效，具有示范作用。

上述三个层面既体现在具体、微观的消防宣传过程中，又体现在综合、宏观的消防宣传工作中。

第二节　消防宣传主体与消防宣传效果

消防宣传主体在整个消防宣传活动中占有最能动的地位，它不仅掌握着宣传工具和手段，而且决定着宣传内容的取舍、宣传时机的把握，因而会对消防宣传效果产生最为关键性的影响。

每一个消防宣传过程，都由宣传主体、宣传内容、信息载体、媒介渠道、宣传方法、宣传对象等要素和环节构成，每一个要素和环节都会对宣传效果产生影响，宣传效果实际上是它们相互作用的结果。

一、信息源的可信性

要想消防宣传产生应用的效果，信息源的可信性至关重要，而可信性的大小是群众基于对宣传主体的信誉度和权威性而做出的判断。宣传主体的信誉包括主体是否诚实、客观、公正等品格条件；而主体的权威性则包括主体是否具有相应的职权。

群众可以通过日常的了解得知让他们的身份和职权，从而得知宣传主体的权威性，但宣传主体的信誉则难以把握。如果在重特大火灾或其他灾害事故发生时，宣传主体宣传语焉不详，那么信誉度容易大打折扣。只有宣传主体实事求是的报道事件进展情况，才能赢得群众信任，回复信息源的可信性。这一情况说明，对宣传主体来说，树立良好的形象、争取群众的信任是改进宣传效果的前提。

二、信息源的专一性

宣传主体决定着信息内容，但从宣传或说服的角度而言，即使是同一内容的信息，如果没有保持它的转移性，从不同的宣传主体、以不同的角度发出，群众的接受程度不同，甚至会产生相反的印象。例如，安徽某星级宾馆在一个夏季傍晚，宾馆处方排烟管道因积炭发生火灾，本来这是一起小火，而且被酒店内部的自动消防设施迅速扑灭，没有造成损失。酒店认为，这是一个宣传酒店的好机会，于是立即邀请新闻媒体记者来到现场说明情况，请求给予宣传报道。应该说，酒店的初衷是好的，但各家新闻媒体报道多集中在发生火灾和火灾原因的报道，即烟道长期不清理，给酒店的声誉造成了十分不利的影响。因此，保持信息源的专一性，以达到宣传目的，产生愿望中的宣传效果，意义重大。

第三节　消防宣传方法与消防宣传效果

消防宣传方法是指在消防宣传活动中为有效地达到预期目的而采用的策略方法。就消防宣传而言，宣传方法尤为重要，适当的宣传方法，可以增强说服力，便于群众更好地接受，从而达到预期目的。

"因人施教"是消防宣传必须遵循的方法，消防宣传方法和宣传对象联系密切。为增加消防宣传的针对性和有效性，宣传活动中方法的选择应当考虑到宣传对象的具体情况。

一、"一面提示"与"两面提示"

在宣传某些存在对立因素的问题时，通常有两种方法，一种是仅向群众提出自己一方的观点或于己有利的判断材料，称为"一面提示"；另一种是提出己方观点或有利材料的同时，也以某种方式提示对立一方的观点或不利于自己的材料，称为"两面提示"。"一面提示"能够对己方观点做出集中阐述，论点明确，简洁易懂，但也给群众一种"强行推销"的印象，会让人产生抵触心理；"两面提示"给对立观点以发言机会，给人一种公平的感觉，但由于同时提出对立双方的观点，论点变得比较复杂，理解难度增加，如果把握不好分寸，反而容易造成为对方做宣传的结果。

例如，合肥市曾出规定在市区禁止燃放烟花爆竹，这在一定程度上有利于消防工作的开展，但社会上的反对声音十分强烈。为了解市民对这种工作的态度，学者史平松做了一番社会调查，选择两组市民，每组10人。[①]调查中，先是询问被调查者对“放”的态度，然后再提出自身的观点。在提出观点时，一组仅和被调查者谈起市政府的要求及燃放烟花爆竹的危害，运用“一面提示”的方法；另一组不仅谈起“禁放”的必要，还提醒被调查者燃放烟花爆竹的“好处”，如继承传统、增加气氛等，结果如表5-1所示。

表5-1 两组被调查人员前后态度的变化

项目	原先支持者	宣传后支持者
一面提示组	6	8
两面提示组	5	4

尽管从表5-1中发现两者人数的增减幅度不大，但结合被调查的对象，发现还是有明显的区别。调查当天是工作日，在街头随机选择人员进行的。被调查的对象多是老人和女性，多数原本就对“禁放”持支持态度，运用“一面提示”的方法，其更容易接受，而“两面提示”的方法反而混淆了观点，使其本来的意见产生了动摇甚至改变。另一方面，在两组被调查的人员当中，老人的观点更坚决，更不易动摇，这可能与其受烟花爆竹的负面影响更大有关（表5-2）。

① 史平松．消防宣传效果探讨[J]．消防科学与技术，2013，32（4）：452-454.

表 5-2　被调查人员中老人前后态度的变化

项目	原先支持者	宣传后支持者
一面提示组	2	4
两面提示组	3	3

从表面上看，“两面提示”的效果逊色于“一面提示”，但这只是暂时的现象，随着时间的推移“两面提示”的效果保持得更为长久，特别是对文化层次较高的人员。在此次街头调查的三年后，研究人员对当初被调查人员进行了电话问询，征求其对“禁放”的意见。结果文化程度较高、“两面提示”的人员大都仍坚守自己的观点（表 5-3）。

表 5-3　三年后被调查人员前后态度的变化

项目	原先支持者	宣传后支持者
一面提示组	5	2
两面提示组	4	3

应该能够预见，随着社会的发展和群众文化素质的提高，“两面提示”的宣传效果要优于“一面提示”。

相似的宣传效果也出现在“明示结论”与“寓观点于材料”的宣传方法中。当消防宣传的论题比较复杂时，明示结论比不下结论效果要好；而在群众的文化程度和理解力较低的场合，应该明示结论；在群众文化程度较高、自己已经得出结论、论题简单的场合，如再明确提示结论，则容易引起反感。

二、恐惧诉求

在消防宣传工作中，常用火灾现场及火灾遗留物作为宣传物，展现给群众，以唤起群众的危机意识，促成群众的态度和行为向注意防火的方向发生变化。

近年来，各地消防站对外开放的宣传活动中，广泛采用的方法之一就是恐惧诉求。当群众看到火灾遗迹（实物、照片）时，一方面可最大限度地唤起人们的注意，促使人们更加注意宣传内容；另一方面，现场产生的紧迫感可促使人们迅速产生预防火灾的自警意识。但是，由于这种方法是通过刺激人们的恐惧心理来追求效果的，往往会给群众带来一定的心理不适，分寸把握不好，容易招致自发的抵触情绪，给宣传效果产生负影响。

第四节　消防宣传对象与消防宣传效果

从一些消防宣传的实证研究结果可以看出，同一个消防宣传主体，运用同一种方法传达同一内容的信息，在不同的对象那里引起的反应是不同的。出现这种情况，是因为消防宣传效果的形成是一个多种因素交互作用的过程，不仅宣传主体、内容和方法会对效果产生影响，群众自身的属性也起着同样重要的制约作用。

一、群众的个性与宣传效果

在消防宣传领域，把群众接受他人劝说难易程度的个性倾向称为个人的“可说服性”，它包括以下几个方面。与宣传主题相关的可说服性，消防宣传的主题是多种多样的，某个人在一个话题上可能容易接受他人意见，而在另一个话题上则可能容易产生拒绝与排斥态度。与诉求形式相关的可说服性，如有的人容易接受道理说服，而有的人则容易接受场面或氛围的感染，有的人对强加式说服表现出自发反感，而对诱导式说服则很容易接受等。一般可说服性，与宣传主题或说服形式无直接关系，仅是个人性格特点决定了这个人对他人意见容易接受或排斥的倾向。除此之外，群众的自信心及求知欲等属性对说服效果也有影响。一般来说，自信心强则相对难以说服，个人求知欲强则较为容易说服。

二、群众的社会特性与宣传效果

消防宣传对象具有社会属性，在消防宣传工作中，群众内部的个体相互影响、相互推动，决定着一个群体以至整个社会的消防宣传效果。

在消防宣传的某个群体中，往往会产生一个主导性宣传结论，群体中的某个个体尽管因自身属性的影响一开始没有被说服，但由于结论的主导性效果，会选择“从论”，被同化，从而接受了这一结论。例如，在“消防宣传进社区”活动中，尽管某个人或某一些人没有接受防火安全的观点，但如果这一观点已成为他或他们所在社区的主流观点，他们往往选择遵从。

社会特性中，传统及归属关系的影响也左右着消防宣传的效果。在某一群体之中，由于人们长期以来形成的风俗习惯、行为准则对群体产生潜移默化的影响，在此基础上开展的消防教育，其效果也会受到影响。例如，在“乡规民约”中纳入消防宣传的内容，村民更容易接受。

第五节　提升消防宣传效果的几点思考

为了提高社会消防安全宣传的效果，需要全面考虑和优化宣传的各个环节，而不仅仅停留在口号宣传的表面。

一、提高社会消防安全宣传效果，是消防宣传的内在要求

消防具有与生俱来的社会属性，属于社会公共安全领域的组成部分，因此，消防安全宣传在功能定位上应该与公共安全宣传定位相统一，在宣传上应该走社会化的宣传道路，把提高百姓的安全意识、安全素质作

为实现消防预防为主的核心内容予以强化；新消防法也明确规定，社会消防工作应该走预防为主，防消结合的道路；而事实证明，防范胜过救灾。提高社会消防安全宣传效果，是消防宣传的内在要求，是消防工作的主要目标。

凸显消防宣传效果，就是要求消防安全宣传要紧紧围绕“预防为主、防消结合”的消防宣传目标进行，通过向整个社会全方位、多层次地传播法治消防、人文消防、全民消防、社会消防等安全知识，让广大人民群众更好地了解掌握消防安全防范知识，提升他们的安全意识和能力，这才是最终目标。从宏观上讲，消防安全宣传就是密切消防与人民群众联系的重要桥梁和纽带，是关乎社会消防工作大发展、人民安全意识大提高，整个社会文明大进步的重要手段和载体。从中观层面上看，消防安全宣传工作就是展现消防部门服务改革发展、维护社会消防公共安全、展示党政部门和消防队员关注民生、服务社会的重要途径。从微观层次上看，消防宣传工作是通过消防执法、日常宣传等行为，向民众提供消防法律服务的活动，具体有着预防提高、宣传教育、引导社会、推动文明进步、满足群众安全需求，消除不安全因素等作用。

二、提升消防宣传的社会效果，各级党委政府的领导和主导是关键因素

消防宣传的社会效果，要求各级各部门一定要按照消防法所赋予的职责（消防工作贯彻预防为主、防消结合的方针，按照政府统一领导、部门依法监管、单位全面负责、公民积极参与的原则，实行消防安全责任制，建立健全社会化的消防工作网络）进行。

增强社会消防宣传效果，各级党委政府要全面加强领导。要着力构建“政府统一领导、部门依法监管、单位全面负责、群众积极参与”的消防工作格局。把消防宣传工作纳入各地社会治安综合治理和平安和谐区域创建的考评范围；建立了以政府消防宣传责任体系为核心、行政主

管部门为内圈、消防重点单位为外圈的公共消防安全宣传网，不断夯实消防宣传管理、社会消防宣传指导力度，强化消防宣传工作责任体系建设，提升社会自主开展消防安全宣传的能力和水平，推动社会消防宣传工作向纵深发展，有效地预防和遏制了重特大火灾事故发生，确保人民安居乐业，经济社会和谐发展。

各地要结合各地实情，制定符合当地实际消防工作发展规划和年度工作计划；认真研究部署消防宣传工作目标和任务；要建立完善由政府分管领导牵头、部门领导参加的消防宣传工作联席会议制度，定期召开会议，重点安排部署消防宣传工作、着力研究解决消防安全宣传工作中遇到问题；增强宣传效果，各级各部门必须层层签订消防宣传责任状，量化分解年度消防宣传工作责任目标，建立和落实消防宣传责任目标管理考评、行政问责、督查督办、责任倒查等工作机制；各地要结合平安和谐区域的创建标准完成消防宣传工作。推出一批特点突出的消防宣传乡镇、社区和村寨，并围绕行业、系统推出一批消防宣传安全企业、事业单位，充分发挥其带动、示范效应，通过重点突破，带动了全社会消防宣传工作的整体推进。

增强社会消防宣传效果，必须把宣传队伍的建设摆在首位，通过各级人民政府进一步加强领导，采取多种形式加强消防队伍建设，并将所需工作经费纳入财政预算。加强乡镇、村寨志愿、义务等群众性消防宣传组织力量的力度。

三、增强社会消防的宣传效果，必须创新宣传手段和宣传形式

要充分利用好广播、电视、报刊、图片、黑板报、宣传车、散发资料、组织消防知识竞赛、消防站对外开放等阵地和形式，深入宣传《消防法》和《机关、团体、企业、事业单位消防安全管理规定》等法律法规，使消防知识进一步普及，使消防法规进一步深入人心。同时，要把

宣传与实践活动有机结合，积极推动乡镇长“走进红门，体验消防”活动的开展，在规模较大的消防安全重点区域和人员密集场所显著位置设置消防公益性宣传标牌等。要扎实推进消防宣传“五进”（进农村、进社区、进学校、进企业、进家庭）工作。不断扩展消防宣传“五进”工作的外延和内涵。

例如，2023年春季全国中小学消防安全公开课（图6-1）由国家消防救援局主办，湖南省教育厅和湖南省消防救援总队承办。这是一个旨在提高中小学生消防安全意识和知识的教育活动。

图6-1　全国中小学消防安全公开课

该公开课旨在通过教育和宣传，向中小学生普及消防安全知识，提高他们应对火灾和其他紧急情况的能力。公开课的具体内容可能包括以下方面。

火灾预防知识：教授学生如何识别潜在的火灾危险，以及如何采取措施预防火灾的发生。

火灾逃生技能：培训学生在火灾发生时应如何正确、迅速地逃生，并且学习逃生时应遵循的基本原则（图6-2）。

图 6-2　火灾逃生

消防器材使用：向学生介绍消防器材的种类和使用方法，如灭火器的正确使用姿势和操作步骤。

火灾报警和求救：教导学生如何正确使用火灾报警设备和拨打紧急求救电话，以及向周围人员发出求救信号的方法。

模拟演练和实际操作：可能会进行一些模拟演练，让学生实际操作灭火器等消防器材，以提高他们的应对能力和实践技能（图 6-3）。

图 6-3　消防模拟演练和实际操作

这样的公开课对于中小学生的消防安全教育非常重要。它旨在增强学生对火灾和紧急情况的认识，培养他们的安全意识和自我保护能力。通过这样的教育活动，可以减少火灾事故的发生，并提高应对火灾时的自救和互救能力。

四、提升社会消防安全宣传质量，营造全民参与、共话消防的氛围

要提高消防安全宣传质量，就必须在创新宣传的技巧和手段上下功夫，要积极倡导宣传开道、营造氛围、注重谋划、彰显效应的宣传战略步骤。全力打造消防工作立体化、全方位地宣传网络，营造消防工作有你、有我、有他的大社会效应。要提高消防安全宣传质量，必须在宣传工作中不断总结完善，只有不断地破解社会消防宣传遇到的“瓶颈”性难题，宣传的质量才能进一步提升。当前，消防宣传还存在一些误区，集中表现在，缺乏系统性的规划指导，缺乏对提高民众安全意识的重视；缺乏对媒体的需要和受众需求的研究；缺乏如何统筹媒体的需要和社会大众的需求的研究；缺乏创意技巧与宣传技巧的有机统一。从而造成了消防安全宣传的失位、失语和失效现象。而要解决这一问题，就需要站在民生、民情以及公共安全的角度加以研判，只有解决制约社会消防安全宣传的瓶颈性难题，才能实现全面宣传、全民教育的目的。

五、提高消防宣传效果，要求消防宣传工作者要有大局意识

消防安全宣传工作是消防安全宣传的源泉。宣传工作只有植根于社会消防工作大局、服务于这个大局才有生命力。而宣传工作人员只有增强眼观天下、把握大局的能力，才能深入群众，深入社会，才能发掘更好的宣传思路和策略。要加强与宣传主管部门和媒体的联系沟通。作为消防的宣传员，需要加强与党委政府相关部门、宣传主管部门的联系，争取对消防宣传的重视与支持；要通过与媒体建立联席会议制度、组织

新闻记者采访团、开辟宣传专栏、联合开展宣传活动等形式，加强与各级各类媒体的经常性联系和沟通；同时，要用扎实的作风、过硬的稿件质量去争取版面和媒体的支持，增强其对社会消防工作的关切度和报道的积极性。

综上所述，提高消防宣传效果，当前既面临新的挑战，也面临着信息发展、行为转型的难得战略机遇，只要不断迎接挑战，抢抓机遇，才能在转型中推动社会消防宣传工作迈上新台阶，才能真正地为消防事业的发展营造良好的氛围，为广大人民群众的安全意识的提高做出功绩。

第七章　消防宣传策略创新之微视频

第一节 消防微电影

一、消防微电影概述

（一）消防微电影的概念界定

1. 微电影

微电影，顾名思义就是微型电影，作为一个新兴事物，是传统电影与新媒介融合的产物。微电影作为一种新的电影形态、新兴文化业态，在一定程度上代表了未来新媒体时代文化产业的发展潮流和方向。微电影是一个中国化的概念，从它产生到现在也就几年的时间，有人将 2011 年称作中国的“微电影元年”，因为在这一年微电影开始“火”了起来。微电影的提法虽然已经获得了影视传媒从业者的认可，但关于微电影的概念尚未有一个统一的认识，众说纷纭。一般认为，微电影首先是一种电影，具备电影的内核和基本特征，之所以冠以“微”，则表明它与传统电影有一定的区别，“微”字彰显了微电影作为一种新媒介的同时又具有自身的特质。因此，微电影既是一种电影，又不同于传统电影，而是一种网络时代电影艺术的新形态。关于微电影的概念，目前更多是基于在已经认知电影的基础上从“微”角度的解读，包括时长“微”、制作“微”、投资“微”、播放平台“微”等。侯光明认为，微电影是指在新媒体时代，为迎合人们碎片化的休闲方式和观影需求，“微规模”（较传统电影投资小、生产周期短）制作、“微平台”（互联网、手机等新媒体移动平台）推广、“微时长”（短则 1 ～ 2min、长则 30 ～ 40min）播映的，具体有完整制作体系、完整故事情节的视频短片。[①]当然这一点也未得到一致的认可，微电影作为一个新生事物，这个概念的内涵和外延都还在变动中，关于微电影价值、发展趋势等问题的讨论还会继续。目前微电影已经具有自己的艺术特征和美学追求，形成了影响力，具有了独立的品质，成为一种独特的影视类型。王一川等人认为，微电影的微不是微不足道，相反却是微而足道，也就是规模微小但又容量丰富，在微小规模上集中惊人的意蕴。[②]

2. 消防微电影

到目前为止，业界和学界尚未有专业的理论对消防微电影进行明确定义，综合前文分别对消防和微电影的概念界定，将消防微电影，从字面剖解开来，主要是由消防 + 微电影组成。因此，概括地说，消防微电影是以消防宣传为目的，通过微电影的方式制作的具有完整故事情节的微视频。

（二）消防微电影的发展状况

自 2012 年福建省南平市延平区大横镇派出所民警由于警力不足，但又想做到入户宣传民众预防和减少火灾的情况，便自导自演将各种消防安全知识拍成微电影在埂埕村播放，标志着消防微电影的诞生，这时的消防微电影一边用于指出发现的火灾隐患，一边用于提示村民如何消除、整改隐患。[③]

随着全国各地《镜头中的消防》消防微电影征集活动的召开，正式掀起了我国消防微电影的创作热潮。该活动主要由应急管理部、中国科协科普部、中国消防协会、国家广电总局电影频道节目制作中心联合主

① 侯光明 . 论中国微电影大时代的到来及其发展路径 [J]. 当代电影，2013（11）：102-105.

② 王一川，胡克，吴冠平，等 . 名人微电影美学特征及微电影发展之路 [J]. 当代电影，2012（6）：102-106.

③ 曾兴冰 . 民警自导消防“微电影”[J]. 中国消防，2012（15）：43.

办，目的是征集各个地方优秀消防微电影，督促地方消防部队创新消防宣传新形式。

2013年，贵州省贵阳市消防支队特勤大队以真实案例作为拍摄素材，由消防队员本色出演，将特勤大队中真实发生的三件事故案例精缩成一个完整的故事剧情，并拍摄完成消防微电影《消防老爸》，完整的续写了消防队员的英勇奉献精神。

继微电影兴起之后，越来越多的消防部门借助这一新的传播形式，进行消防宣传活动。各个地方的消防部门高度重视利用微电影这一形式开展消防宣传工作，一方面将消防微电影作为展现部队风采和宣扬部队警营文化的传播载体。例如，由黑龙江省消防总队拍摄制作的消防英烈题材微电影《涅槃》，展现了消防队员的光辉形象，扩大了消防部队的社会影响力。另一方面消防微电影也作为宣传消防安全知识的重要途径。近几年重大火灾事故频发，给社会带来了惨重的危害，消防救援部门加深消防宣传力度，更加依赖于微电影这种有效结合实际案例进行消防安全普及的新形式。消防安全题材类微电影的创作，对于向社会普及消防安全知识，提高社会整体安全意识有着举足轻重的作用。例如，消防微电影《心火》主要用于社会化消防宣传和普及消防常识。影片以小区内邻里小事为故事背景，以小区物业与业主之间的矛盾为主题，以小区居民在生活中遇到的一系列消防违法行为为案例，以期达到教育引导小区居民增强防火意识，消除小区火灾隐患的宣传目的。这些消防安全题材类消防微电影的创作，对于向社会普及消防安全知识，提高社会整体安全意识具有重要意义。再如，济宁市消防救援支队主题微电影《无限温暖的蓝》在“凝心聚力·众志成城”全国微电影大赛评选活动中脱颖而出，荣膺优秀奖。《无限温暖的蓝》影片以蓝色为主线贯穿全片，勇善送给父亲的蓝衬衣、勇善的火焰蓝服，卫来没有蓝颜色的海洋绘画最初都给对方心中以冰凉的寒意。自尊心强又不善言辞的父亲不能理解和接受儿子重返家乡的忤逆，因家庭变故的自闭儿童卫来不能忍受心中出现的蓝色。而通过以勇善为代表的新时代消防指战员扎根基层，蹈火为民的种种举动，人们心中的不解与隔阂开始消融，他们开始重新审视起这支新生的队伍，明白了蓝色也是暖色调。《无限温暖的蓝》这部作品在形式上有效利用“微电影”这一载体，在剧情中巧妙抓住蓝色精神传承这一主线，充分展示了沐浴在新时代红旗下成长的当代消防指战员忠诚于党的坚定信念和志愿投身消防事业的理想追求，完全诠释了消防指战员服务人民的道德情操和精神感召——到人民群众最需要的地方，无怨无悔竭诚奉献。

（三）消防微电影的类型

1.展现消防风采、打造铁军形象——消防英烈题材

消防微电影的出现，打破了消防宣传的瓶颈，拍摄消防微电影，不仅是宣传消防安全知识向民众传达相关消防安全信息的重要渠道，也是消防救援队伍向广大民众展现消防风采的重要载体。

自微电影创作之初，越来越多的消防救援队伍依附于这一创作载体开始创作消防微电影。消防微电影作为一门虚构的艺术形式，却是对现实的模仿。消防微电影中对于消防部队生活的表现，向观众展现消防队员们面对火灾、爆炸等突发事故勇敢向前，展现消防队员英勇奋战、乐于奉献的大无畏精神，他们是“世界上最帅的逆行者”。

另外，纵观近几年在全国各地发生的重大事故，尤其是在2015年天津港大爆炸中牺牲的众多消防队员，至今记忆犹新。也正是这纠人心弦的特大事故让社会公众越来越了解到身边始终有一支为人民、为社会、为国家的安全而时刻待命的官兵。他们始终秉持着坚定的信念，为了挽救他人的生命，不顾牺牲自己，向观众展现了自己铁军的英雄形象。另外，纵观近几年在全国各地发生的重大事故，尤其是在2019年四川省凉山州木里县扑火行动中牺牲的众多消防队员，至今记忆犹新。

2.普及消防常识、提高安全意识——消防安全题材

制作消防微电影的目的是消防宣传，向社会公众普及消防安全知识，进而提高大众消防安全意识。消防微电影作为消防宣传的新形式，其创作剧本多采用经典案例改编，贴近人民的生活，它将火灾事故发生时或者发生后带来的危害以影像的形式呈现给观众，生动而又形象，能够正确引导社会公众的消防安全意识，重视消防微电影情节中存在的安全隐患，从而结合受众自身，提醒受众如何在实际生活中避开安全隐患，对受众有潜意识的教育意义。在消防微电影《心火》中都有涉及灭火器的使用方法等知识以及楼道杂物堆放、电动车进楼道、占用消防通道、私扯电线、盲目逃生等生活中最常见的消防安全问题。消防微电影以影像的形式将这些人民生活中常遇见的安全问题直观地展现给观众，能够达到寓教于乐的传播效果。

二、消防微电影的宣传要素及特点

（一）消防微电影的宣传要素

1.宣传者

宣传者又称传者、信源，是宣传行为的引发者。在社会宣传中，宣传者既可以是人，也可以是群体或组织。广义的宣传者是指参与宣传的每一个人，如，记者、编辑、后期人员等。组织宣传者因为具有相同或相似的传播价值观，代表一定的宣传组织、宣传部门，客观性更强，站在一个相对重要的位置对宣传信息进行事实报道，不具有某些倾向性，能够更加真实、有效地对传播信息进行反馈，更具说服力与信服力。

消防微电影中消防安全知识作为一种特殊的公共媒介内容，也必然是由一特定信源即消防等相关部门发出，才会更具专业性与说服力，从而引发后续的宣传活动。在消防微电影的宣传过程中，消防救援队伍制

作消防微电影投放到媒介环境中进行宣传作为信息传播的源头，将消防宣传的内容融入消防微电影，这个过程中，消防救援队伍和制片方形成一体化，在整个拍摄、制作、宣传和推广活动中，消防救援队伍都参与其中。发行渠道由发起者整合，消防救援队伍与各大门户网站、视频网站等通过合作将消防微电影投放到各个平台。

2. 媒介

（1）视频网站。视频网站是以经营网络视频为主要业务的网站，提供各种视频短片的共享和搜索，包括电影、电视剧、电视节目等。视频网站承担了文化传播与交流的功能，消防机关可以通过发布视频的方式来宣传消防安全并将消防安全知识引入到大众视线，将视频网站作为思想宣讲的讲坛，将消防安全信息通过更形象直白的方式传递给观众。

（2）虚拟社区。广大网民通过视频网站观看消防微电影时可能不会产生较为深刻的印象，也不会引发过多的思考，观众观看消防微电影后的心理与观看其他微电影或者其他网络视频没有什么偏差。虚拟社区恰恰弥补了视频网站传播消防微电影的不足，它为观众提供了一个交流共享的平台。受众依靠微电影社区，不仅能够观看消防微电影，还可以编写观后感发表自己对消防微电影的认识和理解。

（3）政务新媒体。政务新媒体是为政府机构和公共服务机构加之拥有真实公职身份认证的政府官员通过网络平台进行与其相关的政务工作、向受众进行交流、提供有关公共事务服务、通过网络进行问政的一种新媒体平台。借助政务新媒体所传播的内容不仅局限于文字，还包括图片、视频等。政务微信、政务微博是政府机构进行网络问政的常用平台。随着政务新媒体影响力的与日俱增，涉及了我国的党政、人社、司法、公安、消防、医疗等多达 54 个领域。因此，借助政务微博或政务微信等平台投放消防微电影，已然成为消防微电影传播的主要渠道之一。

3. 受众

在网络传播环境中，受传双方的地位发生了较大的变化，受众处于弱势地位的局面被打破，网络受众既是受传者又是宣传者，当其作为受传者接收信息的同时又可以充当宣传者将接收的信息发布出去，实现信息的“二次传播”。

对于消防微电影来说，通过微电影的形式达到寓教于乐的效果。因此，消防微电影就必须使得受众在观看消防微电影的过程中产生某种精神刺激。这种刺激可以是对认知的改变达到情感的共鸣，或者是在看完消防微电影后对自身消防意识上态度的转变，又或者是能够改变受众积极参加学习消防安全活动的行为。在满足了受众这些需求后，受众会从心理上接受消防微电影，也能更好地理解消防微电影的主题，也会更愿意主动地把消防微电影分享给他人，形成“二次宣传”。

（二）消防微电影的宣传特点

1. 宣传内容以小见大

消防微电影具有微电影的宣传特点，其核心在于“微”，消防微电影的时长一般控制在30min之内，短时间内高度凝练的内容表达，符合大众快节奏生活观念，受众可以随时随地借助手机、车载视频等移动设备进行观看，有利于消防微电影的快速宣传。其次，消防微电影的宣传内容紧紧围绕消防安全这一宣传主线展开，它的宣传具有较强的针对性，目的是提高社会消防意识，普及全民消防安全知识，是一种新的消防宣传形式。制作过程中，消防微电影延续微电影制作周期短、资金投入少、情节内容简短的宣传特点，但消防微电影中所涉及的消防安全知识具备专业性、权威性。例如，消防部队军容军纪的严格性、消防的形象性、救火的规范性、消防安全常识的专业性、消防法律法规的权威性等，使得消防微电影内容变得精悍。作为消防宣传的新征程，其传播内容以小见大。

2. 宣传渠道具有广泛性

新媒介的到来，人们可以借助网络、手机、车载等移动设备，随时随地的观看消防微电影，完全打破了传统消防电影播放渠道少的局限。微电影的出现填补了人们碎片化时间的信息空白，尤其是手机的普及，大众可以利用手机在休闲娱乐的时间，观看消防微电影获取消防信息，并且消防微电影耗时短内容精悍，情节设置能够引人入胜，使消防微电影的宣传在不经意间达到了刻意的效果。网络媒介的发展，改变了传统媒介单向宣传模式，受众通过网络可以对消防微电影进行点评、转载、分享等能够引发更多用户进行二次宣传，大大拓宽了消防微电影的宣传渠道。

3. 宣传过程具有互动性

新媒介时代的到来，让大众具有话语权，受众观看完后，可以利用视频网络下的留言评论平台发表意见或者感悟，展开互动。微电影也模糊了传授双方的固定角色，成为一种人人皆可参与的影视形式，改变了传统电影的制作观念。

受众不仅可以作为消防微电影的接受方，他们甚至可以参与微电影的制作。新媒介拓宽了消防微电影的宣传渠道，加大了大众的参与性，满足了大众进行消防安全知识学习的诉求，使得消防微电影成为当今社会公共安全的引导者。制作消防微电影就是为了让公众用自己乐于接受的形式学习消防安全知识，而学习消防安全知识的过程就是人与人之间通过网络进行交流互动的过程。这种互动性宣传，能够提高社会公众自身的消防安全意识，加大消防微电影的宣传效果。

三、消防微电影的宣传效能探析

在对消防微电影宣传效能研究中，笔者借助网络渠道设计和发放相关调查问卷——《消防微电影的传播效果及受众研究调查问卷》，在设计问卷时没有明确区域选择，而是针对全国网民展开。从 2021 年 2 月 4 日至 2022 年 3 月 1 日一周时间共发放问卷 214 份，回收 202 份，有效 202 份，有效回收率为 94%，其中学生有 21 份、教育工作者 38 份、政府公务人员 15 份、企业公司人员 60 份、媒体工作者 3 份、农民 3 份、其他 30 份（其中包括自由职业者、无业等）。

研究消防微电影的宣传效能，最主要的就是先对消防微电影的受众覆盖面进行分析，它与消防微电影的宣传效能成正比关系。对于大众是否看过消防微电影这一调查问卷结果显示，看过消防微电影的调查对象有 127 人，占调查对象总人数的 62.87%，没看过消防微电影的调查对象共有 61 人，占 30.2%，对于不知道消防微电影的调查对象有 14 人，占调查对象总人数的 6.93%。而对于看过消防微电影的受众来说，有 98.02% 的调查对象认为消防微电影有利于其自身消防知识的学习，认为不利于自身学习消防知识的受众仅占 1.98%。因此，从受众覆盖面的广度上来看，对于消防微电影的知晓率还是较为广泛的，消防微电影作为一种新鲜事物相比于宣传形式老旧、宣传内容古板的形式更容易被人所接受，利用消防微电影进行消防安全知识的学习所达到的效果也相当可观。但是其中仍有部分受众认为消防微电影不利于自身消防安全知识的学习，这说明消防微电影在宣传过程中仍存在欠缺，在今后的研究中应该重视起来，对存在的问题进行改进。对于不知道消防微电影的调查对象来说，这一群体具有选择观看消防微电影的不确定性。但数据也说明消防微电影的宣传力度不到位，消防微电影作为网络视频虽然能被广泛宣传，那些不依赖于智能手机和网络的人群可能接受不到宣传信息。因此，必须加大消防微电影的宣传力度，争取做到面面俱到。

从受众选择利用微电影的形式进行消防宣传来看，有 97.52% 的受众选择赞成，仅有 2.48% 的受众选择不赞成，由此可见，拓宽消防微电影的受众面具有前景性，且受众比例的增加也会相应地扩大消防微电影的宣传效能。

从宣传渠道分析，调查对象获取消防安全信息的途径主要以网络、电视与人际宣传为主。其中网络占调查对象总人数的 71.29%、电视占 63.37 %、人际宣传占 48.02%，相比较而言，大众更加依赖于网络来学习消防安全知识。

从受众的观看动机数据分析显示，大众选择观看消防微电影的原因主要集中在剧情丰富且简短，占 73.27%，方便随时随地观看占 57.92%，利用案例分析便于理解占 64.36%，故事情节振奋人心，能够引起情感共鸣占 61.88%，具有教育性可以引发学习兴趣占 63.86%（此数据设置的选项是两项选择，因此对于多选题目的计算的百分比相加会超过一百，计算方法：百分比＝该选项被选择次数除以有效答卷的份数），而消防微电影的这些观看动机正是传统消防宣传形式难以达到的宣传优势。因为消防微电影宣传的最终目的是为广大受众所熟知，它能够满足全体大众的需求，以大众愿意接受的宣传形式进行消防宣传，能够达到寓教于乐的宣传目的。

对于利用消防微电影宣传消防知识产生的效果而言，受众认为消防微电影能引发受众学习消防知识兴趣、使受众准确理解消防安全、有效帮助加深对于消防知识的印象、以剧情案例作为指南提高受众的消防意识这四个方面来说，数据显示相对平均，分别为 73.76%、74.26%、75.74%、71.29%，这也表明了受众利用消防微电影进行消防安全知识学习起到良好的宣传效能。

综合笔者制定的调查问卷及其数据分析可见，利用消防微电影进行消防宣传活动相当可行，但是消防微电影的发展与扩大是建立在网络的基础上，基于微电影以及网络的受众基础，消防微电影的受众群体会保持相对的稳定性。但同时调查数据显示，消防微电影以微电影和网络为基础，在宣传过程中还存在许多问题。从目前得出的调查数据来看，消防微电影的受众覆盖率较为可观，并且消防微电影受众面的扩大则会提高消防微电影的宣传效能，由此可见，消防微电影的发展前景更加广阔。

四、消防微电影发展的优化建议

（一）拓宽消防微电影的传播渠道

1. 利用户外视频平台

积极利用覆盖面较广的户外视频展示平台，如在大型娱乐场所、大型购物场所的LED宣传屏幕，公共汽车上投放的电视平台等这些人们常去的户外公共场合、人员密集场所播放消防微电影，这不仅是对消防微电影自身的宣传，也是对消防安全知识的宣传。只有将其宣传出去，才能被社会公众所熟知，获得更多的受众达到更好的传播效果。

2. 走进校园、走进社区

利用消防微电影形式普及消防知识，不仅要做到全面覆盖性，也要做到局部针对性。青少年作为网络受众的主要对象，是消防宣传普及的重点。以消防微电影作为消防安全知识学习的辅助形式，不仅丰富了学生的校园生活，而且也能够引发学生主动学习消防安全知识的兴趣。另外，近几年小区火灾发生频率不断增加，高层救火的困难作为全球救援难题尚未得到很好的解决，与各个小区安保部门合作，针对小区搭建“露天影院”播放消防微电影，能够吸引小区居民主动学习了解消防安全知识。

（二）把握内容，丰富故事情节

1. 注重消防微电影在创作中戏剧冲突的体现

消防微电影单纯地从字面上来看，消防宣传是其核心理念，微是其特征，而电影则是其表现方式。因此，如何将消防微电影的主题更好地表现出来更应该注重加强电影的戏剧冲突。沈宇辰认为：“所有媒介都有长处和局限。并非所有让你觉得感动或震动或轰动的人或事都可以转换或直接转换成电影叙事。电影叙事的核心仍然与‘戏剧’相关：外在的戏剧冲突，或隐含的戏剧张力。”①这就是说戏剧冲突的存在必然会给电影增添艺术色彩。所以消防微电影的核心理念如何通过影像艺术表现出来，对戏剧性的把握是必不可少的。

2.注重内容与形式融合，寓教于乐

消防微电影不同于一般的微电影，它是紧紧围绕“消防”二字展开，具有较强的目的性。因此，利用消防微电影进行消防宣传并不能只是简单的构思故事情节，应注重内容与形式相结合。

消防微电影相比传统消防宣传最大的优势在于它摆脱了形式主义、教条主义，以寓教于乐的形式将故事情节传播给受众。消防微电影传播的故事内容必须紧贴传播形式。消防微电影的传播内容不能通过夸大渲染故事情节来引人注意，也要注重以微电影的形式激起受众的兴趣，将故事叙述和消防宣传教育结合起来，以寓教于乐的形式，充实消防微电影的内容。

大多数消防微电影都是将现实生活中发生过的消防案例改编而来，无论是消防英烈题材中对英雄形象和无私奉献精神的宣扬，还是消防安全题材中对生活中消防安全引导教育，消防微电影的创作来源于生活，真实的事故案例编排，故事情节的发展都严格按照消防微电影创作的本意执行。

（三）提高专业素养，制作高质量消防微电影

1.专业素养培养

想要制作出高质量的消防微电影就必须加强制作团队的整体专业素养。例如，可以邀请专业人士来进行现场指导，对团队进行系统的培训学习或者制作团队可以依靠网络、手机、书籍查阅相关的专业理论知识进行自主学习并经过实践创作逐步提高自身专业素养等。

① 沈宇辰．情感表达：公益微电影创作之核[J].新闻研究导刊，2013（7）：19-21.

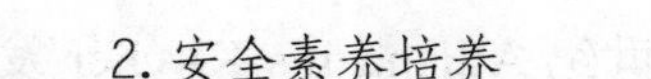

2. 安全素养培养

消防这一门学科本身就较为复杂，并且涉及的学科领域较多，这就要求消防微电影中所传达的内容必须足够专业与准确。消防微电影中所涉及的消防安全信息主要包括消防法制、消防安全知识、消防文化和消防灾害事故信息等。就消防微电影中常涉及的消防安全知识的传播而言，其传播内容主要包括消防法律知识、燃烧知识、防火防灾知识、报警知识、消防设备器材知识、初起火灾扑救知识、火场自救互救与逃生知识等。除了消防救援队伍，无论是媒介组织，还是草根团队若在拍摄前期对消防微电影中所涉及的信息与知识掌握不准确，都能导致传播效果逆向发展。比如，传播者如果自身都不了解化学泡沫灭火器与空气泡沫灭火器的区别，恰好消防微电影的故事情节中涉及空气泡沫灭火器的使用方法，这样的情节安排会加深观者印象，将灭火器的使用方法牢记心中。

第二节　消防 Flash 动画

一、动画与 Flash 动画

（一）动画

动画是人们运用一定的技术将连续画面表现运动的过程，动画的出现使人们跳出静止画面的欣赏，进入到对动感画面的欣赏。

动画的起源和发展是个历史悠久的过程，如果提到相关动画的最早起源，应该追溯到石器时代。考古学家发现的 25 000 年前石器时代的壁画上，一系列野牛奔跑的图已经显示了人类智慧。埃及墓画以及希腊出土的古瓶古罐也出现了一系列连续的动作分解图。虽然都是以一系列静止的画面记录运动过程，但却显示了人类试图捕捉动作的欲望。

如果说动画真正的起源，应该是始于 17 世纪 Athanasius Kircher 发明的一个叫作“魔术幻灯”的盒子。原理是在一个铁盒子的一面有一个小洞，洞上装有一小片透镜，盒子里放一盏灯，将画有图案的玻璃放在透镜和灯之间，投影到墙上。后来魔术幻灯被后人不断改良，将画有图案的玻璃片放在旋转盘上转动，投影出运动的画面。

早期的许多动画都将流行的漫画搬到荧幕上，使静态的卡通人物动起来。1915 年，伊尔·赫德（Earl Hurd）发明以赛璐洛胶片为媒介的动画片拍摄方法。之后动画的发展过程虽然经历过不少坎坷，却出现了很多经典的作品，如《大力水手》《白雪公主》《木偶奇遇记》等。计算机的出现使动画的发展进入一个新的阶段，20 世纪 50 年代后期，人们开始尝试利用模拟计算机来制作动画。从开始出现计算机动画到现在，动画的发展经历了 40 多年，维度经历了二维到三维，制作手法从逐帧到实时。

我国的动画起步也比较早，自 1926 年我国第一部动画片《大闹画室》的出现，我国的动画开始走向了发展的正轨，拉开了动画产业的发展史。我国动画的发展历程同样经历萌芽、成长、停滞、恢复以及发展阶段，产生诸如《神笔》《小蝌蚪找妈妈》《哪吒闹海》《宝莲灯》等一系列经典作品。进入 21 世纪，我国也成为动画大国的成员之一。

（二）Flash 动画

Flash 动画是以时间轴为基础的帧动画，每个 Flash 动画作品都以时间为顺序，由先后排列的一系列帧组成，帧是构成动画作品的基本单位。Flash 是 90 年代的产物，诞生于 1996 年。由于当时网络技术的限制，Flash1 和 Flash2 都没有得到计算机界的重视，直到 1998 年 Macromedia 公司推出现 Flash3 以后，Flash 动画才逐渐被业界人士所接受，并成为交互式矢量动画的标准。Flash 动画凭借其生动丰富的表现力使其在应用领域（包括网页设计和多媒体制作等）中的使用频率迅速上升，目前浏览器中均支持 Flash 动画。

用 Flash 制作出来的动画是矢量的，动画放大后，不会引起失真，所形成动画文件占用的存储空间很小，特别适合在网络上使用。

Flash 使用插件方式进行工作，用户只要安装一次插件，就可以在浏览器中观看 Flash 动画。此外 Flash 支持多种格式图片，支持声音，支持渐变色，支持 A1pha 透明、蒙扳等功能。

Flash 动画电影是一种“流”形式文件，动画是一边下载一边播放的，几乎感觉不到文件下载过程下来。

（三）消防宣传中 Flash 动画的理论基础

对于 Flash 动画在消防宣传中的应用，其原理来自著名的“模仿理论”。所谓模仿，基本的解释为个体自觉或者不自觉地重复他人行为的过程。模仿在心理学中的意思为在个体不受外界干扰下，情愿仿照他人行为使其与他人行为相同的想象。模仿可分为有意识模仿和无意识模仿，两者的不同在于是否有目的、主动模仿。模仿理论是美国著名心理学家阿尔伯特·班杜拉（Albert Bandura）提出，他认为人们的大部分行为都是通过观察模仿而习得的。[1] 他的观察学习模仿理论把人们的模仿学习分为四个过程，分别是注意过程、保持过程、行为再生过程和动机过程。注意过程是学习者对示范者引起的注意行为，如果不能够引起学习者注意，就无法进行观察学习。保持过程就是将观察到的行为进行记忆保存，如果学习者没有记住示范者的行为，观察就失去了意义。在动作保持过程中通过表象系统、语言系统或者动作的重复演练和心里演练都能够起到很好的记忆效果。行为再生过程是把记忆中的行为信息转化为行为的过程，即将观察学习到的行为付诸行动的过程。动机过程是学习者可以有选择的再现观察到的行为，受到外界行为结果的影响不同，则学习者

① 班杜拉．通过榜样实践进行行为矫正 [M]. 上海：华东师范大学出版社，1965：15.

对是否再现示范行为的选择也不同。

模仿作为一种学习形式，在教育上有着重要的意义。在现实中，大部分的文化学习都具有模仿性，模仿的对象也不再只是人，还包括了各种媒体资源。随着多媒体技术的发展及在教育中的运用，消防宣传教育中出现各种媒体辅助教学，这些宣传教育软件通过演示被学习者观察。曾经有学者做过这样一个实验，将两组儿童放在不同的环境，一组儿童放在一间有玩具、布偶等娱乐设施的房间，而另一组儿童放在另一间房间，里面播放有武打影片。一段时间过后将两组儿童放在一起，可以观察到，放有玩具、布偶房间里的儿童比较安静，各自玩各自的，而另一间房间的儿童明显情绪激动，互相追逐打闹模仿影片中的动作、行为。从这个实验可以看出模仿在青少年消防宣传教育中具有非常重要的作用。青少年儿童通过观察演示的行为，渴望模仿他人行为并拷贝，在不断模仿过程中逐渐内化为自己的行为。

二、消防宣传中 Flash 动画的前期设计

假设将动画宣传对象瞄准青少年儿童群体，在讨论 Flash 动画的前期设计中以相关动画为例——《小火苗，大灾害》。

动画的内容分为三个模块，在第一个模块中学习者能够通过动画了解火的一些基本知识，包括什么是火，火是如何产生的，以及火的用途和火的危害。通过这个模块的学习，学习者为学习后面的知识做好铺垫，使学习者了解到火灾预防的重要性和掌握消防知识、逃生技能的必要性。第二个模块主要讲的是关于火灾的预防和面对火灾应该采取的措施。学习者通过这一个模块的学习，掌握常见的预防常识，在遇到火灾的时候能够根据所学的知识，采取相应的措施。这一个模块包括的内容按照消防知识分为不同的动画片段，每个片段在演示动画的同时配有台词或字幕来提醒学习者应该注意的事情。第三个模块讲的是火场逃生的方法，

这个模块采用交互的形式来进行。动画的场景设在家庭的房间里，动画中的角色发现火灾后采取不同的措施，学习者可以为动画中的角色选择不同的逃生措施，选择不同，得到的结果也不同。学习者通过多次尝试发现正确的逃生方法，此时，再配有台词或字幕来讲解正确的方法，达到巩固知识的作用。

三、消防宣传中 Flash 动画的中期制作

（一）片头制作

一部完整的动画包括片头、动画本身和动画片尾，片头的作用是为了让观众看到片头就能大体了解这个动画所要讲的内容，片头制作的好坏直接影响了观众对动画的第一印象。因此，在制作片头时不仅要结合动画所要表现的内容，还要选择合适的风格使整个动画保持一致。

消防安全动画的片头设计为晴朗的天空，白云飘过，在一幢房子旁边有一堆树叶，突然一只燃着的烟头掉落到树叶堆里，树叶逐渐点燃，火势慢慢变大，覆盖整个屏幕。屏幕上出现六个带着火苗的字“小火苗，大灾害”。整个片头用时 11s 左右。

（二）过程制作

动画片头结束后，出现动画的选择界面，在界面中有火的认识、火灾预防和火场逃生三个选择图标，每个图标代表不同的内容，学习者通过点击图标选择所要观看的内容。每个图标下面的动画设计如下。

1. 火的认识

背景为一片茂密的森林，森林的前面有一块空地，空地上有一堆木材燃烧着，火焰跳动着，旁边有个安全小卫士角色飞舞着讲解到“火是物质燃烧过程中散发出光和热的现象，是能量释放的一种方式。”

背景不变，天上有乌云飘过，一道闪电从云中传来，闪电击中森林

中一棵树。此时，镜头拉近到被闪电击中的那棵树，树突然产生火焰，开始燃烧并伴有烟雾。安全小卫士讲解到“大自然中的火是由于闪电击中树而产生的。”

背景不变，出现一个原始人，用一根比较细的木头在一棵倒下的树上进行钻木取火。安全小卫士讲解到“而最早人们产生火的方式是通过钻木取火。”

背景不变，着火的火堆上架着一口锅，锅里冒着热气，旁边坐着一个人在烤火，安全小卫士讲解到“火的用途有很多，如可以帮助人们煮熟食物，可以用来取暖。”背景变为黑夜，一个人举着一个火把行走，安全小卫士继续讲解到“火还可以用来照明。”

背景变为一幢房屋正在燃烧，安全小卫士讲解“但是，火也会给来带来很多危害。例如，火可以烧毁房屋”。接下来背景变为一片森林被火覆盖，安全小卫士讲解“火可以毁坏森林”。然后场景出现一个人躺在地上，周围全是火，安全小卫士讲解“甚至还会带走人的生命，因此，火给人们带来好处的同时也伴随着很多危险的发生。”

2.火灾预防

场景为一片森林，镜头拉近到一棵树下面的一个草堆，一个小朋友拿着火柴点燃草堆，火苗把树点燃。屏幕出现一个红色的差。安全小卫士出现解说“小朋友要禁止玩火，不要将火带进森林”。

一幢房子旁边放有几个纸箱，纸箱上面写着“易燃易爆”几个字，一个小朋友拿着爆竹在纸箱旁边燃放，导致箱子和房子着火。此时，屏幕出现红色差号，安全小卫士解说“在燃放烟花爆竹时，要切记禁止在易燃物旁边燃放”。

镜头切换到厨房，灶具上的火熄灭，镜头移动到煤气罐，安全小卫士解说“在厨房使用完燃气后，一定要记得先关掉总阀门，再关掉灶具阀门”。

场景变为房间，小朋友在房间玩要，突然闻到有煤气味，迅速跑去打开窗户和门。安全小卫士解说“在房间闻到有煤气味时，要迅速打开门窗通风，以免煤气中毒导致生命危险”。

场景切换为乌云满天，打雷下雨，一幢房子楼顶上装有一根室外天线，雷电击中天线，镜头向下移动到室内，电视着火。安全小卫士解说“小朋友一定要记住，禁止雷雨天气利用室外天线看电视，这样很容易因为闪电使电视着火”。镜头切换到插座和插头的特写镜头，插头从插座中拔出，然后用灭火器灭火。安全小卫士解说到“当电器着火后，要先切断电源，在用灭火器熄灭火”。

镜头转到灭火器的操作上，同时安全小卫士解说灭火器的操作方法。在街上，小朋友看到远处有一幢房子着火，拿出手机拨打 119，画面左上角出现警察接电话的画面，安全小卫士解说“当遇到火灾时，要第一时间拨打 119 报警电话，并且要在电话中清楚说明火灾发生的详细地址以及火势大小等情况”。

3. 火场逃生

火场逃生的动画，设计为交互式的动画，学习者可以通过与动画进行交互来掌握一定的火场逃生技能。具体设计如下。

进入界面有大标题“火场逃生”，还有两个小图标分别是开始和帮助。帮助界面里写有具体的操作方法，点击开始图标开始动画。

动画内容是小朋友在看电视，有烟雾飘过来，小朋友突然发现户门外着火。此时出现两个选项一个是门不烫，另一个是门烫。如果选择门烫，此时会出现打电话报警和直接开门跑。选择直接开门跑，那么闯关失败，继续闯关，如果选择打电话，则闯关成功，进入门不烫的情况。如果一开始选择门不烫的情况，则出现两个选项，一个是拿着财物跑，二是拿着湿毛巾跑，选择拿着财物跑则闯关失败，选择拿着湿毛巾跑则闯关成功，并进入下一步。下一步是小朋友身上着火，此时出现到处乱跑和就地打滚两个选项，选择到处乱跑则闯关失败，选择就地打滚则扑灭身上的火进入下一关。下一关是穿过烟雾，出现两个选项直立行走和湿毛巾捂住口鼻匍匐前进。如果选择直立行走则闯关失败，如果选择用湿毛巾捂住口鼻匍匐前进则闯关成功进入下一关。在出现电梯口是又出现两个选择，一个是乘坐电梯，另一个是走安全出口。选择乘坐电梯，则小朋友被困电梯，闯关失败，如果选择走安全出口则闯关成功逃出火场。

四、消防宣传中 Flash 动画的宣传作用

在传统的消防安全宣传中，灰色色彩是大部分宣传品所选择的色彩基调。这种暗色调对于消防安全来讲能起到一种警示的作用。同时考虑到消防安全事故的灾难性后果，灰色调也成为一种对逝者的祭奠。但是这种色彩的选择对宣传的吸引性有较大的降低，难以在第一时间引起人们的注意与兴趣。而选择 Flash 动画就可以避免上述问题。利用 Flash 动画轻快明亮的色彩对比，可以迅速抓住人们的眼球，引起对消防安全作品的关注（图 7–1）。

图 7–1　户外商超播放消防科普 Flash 动画

第三节 消防科学实验

消防实验能形象、有力地破除流言、去伪存真，让观众在“恍然大悟”中接受正确的消防知识和理念，所以颇受欢迎和重视。从内容上来区分，消防实验微视频主要有两种类型，即“科学原理实证类”和“生活常识求证类”。

一、科学原理实证类

（一）声音也能灭火吗?

用声音也能灭火，这是真的吗？央视财经频道《是真的吗》主持人陈蓓蓓决定用实验进行现场验证。

为安全起见，火源就用一根蜡烛来代替。还需要准备两个 50 mL 的量筒。

第一步：用细铁丝将蜡烛绑住，这样方便将蜡烛放入量筒中。蓓蓓点燃蜡烛，慢慢放入量筒中，但蜡烛并没有熄灭。

第二步：让另外一个量筒发出声音。人吹出的声音不足够大，要借助吸尘器并且一定要带有吹风功能的吸尘器才可以。实验助理用吸尘器往量筒中吹气，量筒真的发出了很大的声音。

那么，仅仅依靠声音，就能灭掉另一个量筒里的蜡烛火焰吗？很多人都会有这个疑问，两个量筒离得这么近，吸尘器风力又那么大，会有漏出来的风，把蜡烛的火苗吹灭。所以在整个实验准备了一个透明的塑料板，放在两个量筒中间，以防有风吹过。

第三步：一切准备就绪，将点燃的蜡烛慢慢地放入量筒中，同时开始用吸尘器吹响另一个量筒，结果蜡烛瞬间熄灭了。

通过实验可以看到，在蜡烛下降的过程中，火焰就明显出现晃动了。大约在量筒口下去一点的地方，蜡烛就灭了。难道这块塑料板没有挡住风？还是声音的力量灭掉了蜡烛呢？为了彻底验证是不是声音熄灭的蜡烛，接下来实验升级。

先将量筒里塞满纸团，再用吸尘器对着吹风，但在这样的情况下，量筒则发不出声音。然后将蜡烛放在刚才的位置，看看它会不会灭。结果，因为量筒被堵住了，吹风并没有让量筒发出声音，放入另一个量筒中的蜡烛则没有熄灭。

通过两轮实验，可以证明声音真的可以灭掉火焰。

其实这个实验的原理，就是共振现象。用吸尘器向量筒中吹风时，量筒里的空气柱产生了振动发出了声音，因为空气的介质传播，所以量筒里的声音传递到了另一个量筒中，产生了共振现象。这个时候共振现象在量筒的某一个特定区域，达到了最大的强度。所以，量筒里的火焰就熄灭了。

通过观看此类科学实验视频受众可以更加全面地认识声音灭火的原理，掌握丰富多样的灭火技能，提高消防防护水平。

（二）热水比冷水灭火更快吗？

热水比冷水灭火更快，是真的吗？为了验证这一说法，北京市朝阳区消防支队朝阳门中队的消防员做了一项实验，具体如下。

第一，硬纸板，是本次实验的可燃物。每次实验固定使用一个硬纸板的量，撕碎后放入铁槽中。考虑到能用热水灭火的场合多为家庭火灾，所以这次实验准备的是一个类似厨房起火的小规模火源，以及一盆自来水和一盆热水。两盆水的温度相差约 40℃，热水真的会比冷水灭火更快吗？

第二，在可燃物燃烧 10s 后，消防员开始灭火。不管是冷水还是热水，都在瞬间就把火源熄灭了。用时都为 2s。这会不会是水量太大，导致火源熄灭都在瞬间，没能体现出热水的优势呢？为此，实验又找来一个便携高压水枪。用水枪向火源喷水，模拟消防员用水枪不断喷洒火源的情况。这次热水的灭火速度会比冷水快吗？灭火实验继续进行。冷水 26s53ms，热水 27s53ms，热水比冷水还慢了 1s。但是考虑到消防员在操作时的误差，可以说，本轮实验冷热水灭火的速度几乎也是一样的。

第三，传言热水因为能形成水蒸气而隔离氧气，从而达到快速灭火的效果。而对比两轮实验发现，热水接触到火源后，形成的烟雾的确要比冷水的多。那么，会不会是因为实验都是在户外进行的，所以水蒸气都被风吹走了呢？

第四，为此，实验又准备了一个高 2m，体积约为 $6.6m^2$ 的防爆屋，以此来模拟相对封闭的室内环境。热水在室内灭火时是不是就会比冷水更快呢？先用冷水做实验，灭火用时 10s。

第五，接下来热水登场，热水真的比冷水灭火更快吗？热水接触火源后，防爆屋内形成的烟雾更大了，从一侧几乎看不到消防员了。难道真的如网友所说，热水能形成水蒸气所以灭火会更快吗？热水灭火用时 12s，不但没有比冷水快，反倒比冷水慢了 2s。

第六，但是排除远距离瞄准火源时的操作误差，从三轮对比实验来看，冷水和热水的灭火速度都是差不多的，热水并没有比冷水更快，这是为什么呢？

对此，北京市朝阳区消防救援支队朝阳门救援站副中队长给出了实验的原理。灭火原理有四种，即窒息法、冷却法、隔离法和抑制法。用水去灭火采用的是冷却法的灭火原理，当把水浇到可燃物上时，它降低了可燃物的燃点，从而达到一个灭火的原理。可燃物燃烧的温度能达到几百度或上千度，虽然热水和冷水之间有温度差，但是这些温度差在燃烧物面前，已经可以忽略不计了。

可是，热水灭火时形成的水蒸气的确要比冷水多，那么为什么水蒸气没有加速灭火呢？北京大学物理系副教授说，水蒸气比空气轻，它的分子量是18，普通的空气分子量平均是29，水蒸气和空气在一起的话，它是会分离的，空气会往下走，水蒸气会往上走，只要有氧气，空气还在或者说有流通，水蒸气很快就往上走了，所以水蒸气不可能下沉而隔绝氧气。

虽然热水的灭火速度不会比冷水更快，但是紧急情况下，如果你身边有热水也是可以用来灭火的。但一定要小心烫伤。不过由于取材和运输不方便，热水灭火在消防员的灭火工作中并不适用。同时，消防员也提醒大家，如果是厨房油锅起火，不管是冷水还是热水都不适合用来灭火。

实验结论就是热水比冷水灭火更快是假的。例如，把菜倒进油锅里，将锅盖盖在这个油锅上也能起到一个灭火的原理。

（三）电动自行车起火实验

电动自行车因经济、便捷等特点，近年来成为广大群众短途出行的重要交通工具。与此同时，电动自行车爆炸起火事故也持续攀升。为什么充电有可能导致电池自燃？电动自行车起火后，周边环境的温度和有害气体浓度会发生怎样的变化？电动车火灾人员逃生有哪些困难？对此，消防救援队对电动自行车火灾事故进行了模拟实验，真实还原了电动车起火蔓延成灾过程，揭示了电动自行车火灾事故发生的主要原因和可怕瞬间（图7–2）。

图 7-2　电动自行车起火实验

一辆电动自行车正在楼道充电，突然电池处有一阵火苗蹿起，随后火势越来越大，伴随着阵阵黑烟。仅过了短短 3min，这辆电动车便被烧得只剩下一具焦掉的外壳——这令人触目惊心的一幕，就发生在电动自行车过度充电的模拟实验中。为让实验更接近生活，消防员将两辆已经充满电的电动车停在楼道内，使用非原装、不含保护装置的充电器对其中一辆进行充电。同时利用电能表、温度测量仪、电池库仑计、有害气体探测仪进行实时数据探测。经过约 40min 的过充，电动车电池充电量为电池额定电量的 1.4 倍，此时电池电压上升 10V，充电电流无变化，电池盒内部的温度升高到 50℃。不久后，电池内部保护装置启动，充电器停止工作，然而电池温度仍在不断攀升。在停止充电后 35min 后，电池盒内温度升至近 75℃。现场听到电池放气声音，电池发生爆炸并开始猛烈燃烧，放置在旁边的电动车也很快被引燃。经监测，3min 内，电池盒内部温度就由 75℃迅速升至近 900℃，起火点附近地面温度达到 160℃。电动车上的塑料件在高温下迅速燃烧，现场瞬间笼罩黑色浓烟。探测装置显示，在起火点周围的楼道内，一氧化碳浓度不断升高。

（四）锂电池爆炸实验

锂电池爆炸是指锂离子电池或锂聚合物电池在某些条件下发生严重故障导致爆炸或燃烧的现象。虽然锂电池在正常使用情况下是相对安全的，但在某些情况下，如错误使用、不当充电、物理损伤或过热等条件下，锂电池可能会发生危险事件。在实验中，消防员首先将铅酸电池放入模拟高温环境的燃烧桶中观察。值得注意的是，铅酸电池在持续燃烧的过程中，并未发生爆炸现象。接下来，消防员将三枚 3.7V 的单芯锂电池放入燃烧桶中。经过几分钟的时间观察，可以看到单芯锂电池出现射流火现象，并形成小面积的轰燃（图 7-3）。

这个实验的目的是研究铅酸电池和锂电池在高温环境下的燃烧行为。根据实验结果，铅酸电池在高温条件下持续燃烧，但未发生爆炸。而单芯锂电池在相同条件下，出现了射流火现象，并形成了局部的轰燃。

这些实验结果表明，在特定的环境条件下，锂电池的燃烧行为可能会比铅酸电池更为剧烈。然而，需要明确指出的是，进行此类实验是危险的，且违反了安全标准和法律规定。实验中可能发生火灾、人身伤害和财产损失。笔者强烈不建议进行这样的实验。

图 7-3　锂电池爆炸实验

二、生活常识求证类

（一）柔顺剂真能助燃吗？

柔顺剂会使衣物的阻燃性变差，遇火容易燃烧，真的是这样吗？

平时生活中，衣服有静电，易粘身，都可以在洗完之后用衣物柔顺剂处理一下。衣物柔顺剂柔顺衣物的原理到底是什么呢？

柔顺剂吸附在纤维表面以后，能够形成一层柔顺剂的一个膜，这个膜能降低纤维和纤维之间的阻力，整个织物就变得比较柔软。

那么衣物在变得柔软的同时，它的阻燃性真的会降低吗？

为此，陕西科技大学化学与化工学院教授安秋凤在实验室做了一项实验。

实验前取一件衣物，从上面剪下同样大小的两块，编为一号和二号样本。一号样本直接在清水中漂洗一下后拧干；随后在清水中加入适量的衣物柔顺剂并搅匀，将二号样本放入漂洗并拧干。接下来，将两个样本同时放在高温烘箱中进行烘干。烘干后悬挂起来将两个样本同时点燃，观察燃烧的情况。

观察发现用柔顺剂处理以后的织物火焰还是稍微大一点，柔顺剂里面含有一些脂肪铵类的软片类的，它具有易燃性的一些组分，这个吸附到织物表面，可能确实有一点助燃作用。但教授也指出，柔顺剂主要由两类物质组成，一种是脂肪族的软片类物质，它是易燃的，另一种是有机硅的柔软剂，它属于可燃但不易燃。但是由于平时洗衣服柔顺剂用量很小，所以不用担心。顺剂的用量大概就是 4 公斤的水，就加 20 克的柔顺剂，所以这么小的量分散到水里面之后，它用到织物上做柔软处理以后，并不会对织物的易燃性造成明显的影响。所以实验结论是柔顺剂不能助燃。

（二）可乐灭火靠谱吗？

针对可乐能否灭火，锡林浩特市消防救援大队进行了一项实验，实验中，消防员将一堆废纸点燃，火苗渐渐窜起，消防员站在半米开外，拧开可乐瓶盖，捂住瓶口，猛摇之后对准火苗进行喷射。可以看到，表层的火在 10s 左右被成功喷灭。由此可见，可乐确实可以达到灭火的效果。

大队消防安全员表示可乐灭火的主要原理是通过剧烈摇晃瓶体，使其内部产生足够的二氧化碳气压，使内部的可乐液体呈雾状的形态喷射出来，增大了与可燃物的接触面积，起到了更好的冷却效果。可乐和水的灭火效果差异并不大，只局限于扑救规模较小的固体类火灾。随即消防员点燃了一些汽油，使用同样的方法，用可乐进行灭火，而这次不但没有灭火成功，火势反倒越来越大。可乐只能在火灾初期火势很小的情况下对扑灭固体类物质上的火苗有一定的帮助，但并不能扑灭油类以及电气类火灾。

因此实验结论是对于油类的灭火可乐是不能进行扑灭的。

（三）杀虫剂遇明火秒变喷火器吗？

杀虫剂是一种化学物质，被广泛用于控制或消灭昆虫、害虫和其他有害生物。根据杀虫剂的瓶身产品资料，它被明确标示为易燃品，因此应该远离明火、火源、热源和热表面。杀虫剂在高温环境下可能引发爆炸，其临界温度通常为 54℃。

在实验中，首先准备一个夹子，夹住一团纸，其次，将纸团点燃，对准纸团位置喷射杀虫剂。当杀虫剂喷出时，会发出嗤嗤声，此时火苗会迅速膨胀为直径约半米的火团。实验结果显示，当火焰接触到杀虫剂后，会发出一声哗的声音，火焰突然变大，并喷射出 1m 多远的距离（图 7-4）。

图 7-4　杀虫剂遇明火实验

这个实验的目的是演示杀虫剂与明火相互作用的效果，说明其易燃性质。在实验中，由于杀虫剂中的成分接触到明火，可能会发生剧烈燃烧或爆炸的现象，导致火焰的迅速扩大和喷射距离的增加。

第八章　消防宣传策略创新之游戏化教育软件

第一节 游戏化教育软件相关概述

一、教育软件

教育软件可分为教师在课堂上使用的教学软件和辅助学生学习的学习软件。前者是指电子备课系统、多媒体课件或一些工具软件等教师使用的教学软件，后者是指幼儿英语、中考、高考的题库及其他以辅助学生学习为目的的学习软件。教育软件是各种多媒体技术的集成体，利用性能卓越的硬件设备，根据创作者的创意以及教学设计思想，形成具有教学功能，含有学科教学内容的，并通过科学合理的软件设计，将文字、声音、图形、图像、动画及影像等多媒体素材向学习者展现各种教学信息的交互性软件产品。其突出特点是具有良好的交互功能，使计算机与学习者能方便地进行各种信息传递和信息处理，并对学习者的学习过程进行评价、处理、引导等。

二、游戏化教育软件

以多媒体计算机、网络为媒介，并具有明显游戏特征的教育软件，被称为游戏化教育软件。在软件中，计算机通常起到这样的一些作用：扮演竞争对手或是裁判员的角色；呈现动画创设游戏的虚拟情境；计算机编程提供道具和规则，并强制玩家遵守游戏规则。同一般教学软件相比较，游戏化教育软件与之有一定的共性：就是以教授知识为目的，软件中具有一定的教育功能。但是教育软件中的教学设计，往往包括非常完整的教学内容，如一门课、一个章节；游戏化教育软件的教学内容，可以是一门课、一个章节，同时也可以是分化出来的小单元。在很多国外优秀的游戏化教育软件中，通常就包含了一两个需要学习的点，如在Funbrain网站中，为学习者提供的小游戏有的只是教授怎么样数数，有的是要学习者学会辨别“红黄绿”这三种基本的颜色。游戏化教育软件与教育软件最大的不同就是游戏性是否存在。当然，某些开发精良的教育软件界面友好，媒体制作美观大方、生动有趣，对使用者有一定的吸引力；但是对比游戏化教育软件，它无法让学习者有沉浸感，有超强的内驱力来使用软件。

三、游戏化教育软件的特点

（一）趣味性

游戏化教育软件的设计目的就是把枯燥的学习或者人们不经意的学习内容变成充满趣味性的游戏，让使用者能够在游戏中学习。所以游戏化教育软件的形式和内容必须让学生感到新奇有趣，乐于通过软件提供的游戏方式进行学习。游戏化教育软件具备吸引受众的“魅力”不仅要靠外在的美观生动，更需要内在的游戏机制，如游戏的故事、情感、悬念、竞争等，其内部机制是激发其学习兴趣的根本因素。

（二）互动性

游戏化教育软件较一般教育软件具有更强的互动性，没有交互的游戏无法进行。因为在游戏过程中，受众和计算机都要根据对方的行为和环境要求等条件的判断来决策自己的下一步行为，而且这种互动行为烘托了游戏气氛，让其在学习过程中充满激情，获得自信。游戏化教育软件跟娱乐游戏一样明确规定游戏的规则，这些规则一般都是虚拟地、人为地规定的，但是学习者必须遵守。

（三）激励机制

激励机制是游戏化教育软件的一个重要特点，激励，在心理学上指的是发动和维持动机达到目标的心理过程。通过激励，在某种内部和外部刺激的影响下，使人维持在一个兴奋状态之中。一个比较好的游戏化教育软件往往能够很好地让学习者专心而又持续地进行学习，无论是单机的游戏还是网络的游戏，在对玩家的激励方面都有其独到之处，如果能够将这种激励方式引入宣传和教育之中，必然会对宣传的效率与成果产生极大的影响。

第二节　游戏化教育软件的指导理论和原则

一、指导理论

（一）游戏化学习理论

游戏化学习理论也是游戏化教育软件的理论支持之一。“游戏化学习”是国内著名信息技术教育专家桑新民教授大力倡导的新一代学习方法。所谓游戏化学习，是指在学习游戏化观念的指导下，在教学设计过程中就培养目标与发展、评价手段方面，就学习者年龄心理特征与教学策略等方面，借鉴游戏，设计、选择适当的发展工具、评价方法、教学策略。在游戏化学习过程中，学习者享受游戏乐趣，获得游戏成果。游戏化学习方式是一种教育理念，在实践中游戏变成学习的一种手段。游戏化学习理论主要包括，游戏情境、任务促进探究性学习，游戏的趣味和竞争性促激发学习者的学习动机，促进学习者深度学习。游戏化教育软件的产生、发展正是直接受到了游戏化学习理论的影响，它是游戏化学习理论的一种应用方式。

（二）沉浸理论

沉浸理论是由芝加哥大学心理学教授米哈里·奇克森特米海伊（Mihaly Csikszentmihalyi）首次提出，用于解释当人们在进行某些日常活动时为何会完全投入情境当中，集中注意力，并且过滤掉所有不相关的知觉，进入一种沉浸的状态。[①]近年来被用在计算机及网络研究上。沉浸理论认为当人们在进行活动时，如果完全地投入情境当中集中注意力，并且过滤掉所有不相关知觉，即进入一种沉浸状态。沉浸是学习、工作时的最佳状态，它带来的内在满足感能使人们在从事任务时满怀兴趣，忘记疲劳，不停探索，不断达到新的目标。因此，人们在工作和学习中应创造条件，促进沉浸体验产生。沉浸是一种暂时性的，技巧和挑战是沉浸理论的二个重要的因素，两者必须互相平衡，并驱使自我朝向更高更复杂的层次；由沉浸产生的是一种自我的和谐，在活动中享受着。

在对网络浏览的沉浸经验进行调查时发现，网络使用者最容易进入沉浸状态的情况，是在信息寻求的情境下，其次是阅读和书写。现在有很多青少年沉迷网络游戏，往往是因为游戏的较大吸引力而出现沉浸状态，将全部心思投入其中，其他的思想完全被忽略，很难产生时间感。研究者期望游戏化教育软件也能够像网络游戏那样可以让学习者沉浸其中；希望在游戏化教育软件中，学习者全心投入游戏活动，可能因此完成平时不可能完成的任务，达到良好的学习效果。要使游戏化教育软件的使用者达到这种体验，在设计开发应该注意以下四点。首先，操作者的技能与挑战之间达到平衡。如果游戏化教育软件中设计的教学内容太过繁杂，学习者通过反复练习仍然无法通过游戏中的考验，则会降低游戏者的积极性。其次，操作者在使用游戏化教育软件时应该全神贯注地投入，同时游戏必须能明确向操作者提出任务目标。再次，操作者能够在游戏中得到及时、不间断的反馈，保持玩游戏的兴致。最后，操作者

① 契克森米哈赖 . 心流：最优体验心理学 [M]. 张定绮，译 . 北京：中信出版社，2017：251-276.

要能够按照自己的进度控制任务的进程，软件要保障学习者个性化学习的需求。

（三）多元智能理论

加德纳（Gardner）在1983年出版的《心智的结构》一书中，把智力定义为“是在某种社会和文化环境的价值标准下，个体用以解决自己遇到的真正难题或生成及创造出某种产品所需要的能力”。他认为，智力不是一种能力而是一组能力；另外，智力不是以整合的方式存在而是以相互独立的方式存在的。他认为每个人与生俱来都在某种程度上拥有8种以上智力的潜能，即语言智能、数学逻辑智能、空间智能、音乐智能、身体运动智能、人际关系智能、自我认识智能和自然观察者智能。环境与教育对于能否使这些智力潜能得到开发和培育有重要作用。

游戏化教育软件中蕴含的知识能够作为智力培育的工具，无论是强势智力还是弱势智力。游戏中涉及知识的方式要求多元化，通过扩大学习内容领域和知识的表征形式来充分发掘每一个人身上隐藏的智力潜能。由于受到传统智力理论的影响，课程内容在知识的表征形式上，只注重了语义表征，强调知识的系统性、逻辑性等，而很少与情境、动作、音乐、空间等建立联系，这使得学生的智力培养仅限于语言智力和逻辑智力发展上，摒弃了人的其他智力的发展。因而，在游戏化教育软件中，应该向学习者呈现多元的学习知识表征形式，即语义表征、情节表征、动作表征、音乐表征、影像表征等形式，以最大限度挖掘学习者的智力潜能。所以，设计良好的游戏化教育软件能够在开发和培养青少年多元智能方面，发挥传统教育方法和手段所不可比拟的优势。

二、开发原则

（一）用情景引发学习的动机

根据马斯洛（Maslow）的需要层次理论，驱使青少年玩电脑游戏的原因，主要是与环境保持平衡和协调的需要，以及社会性交往自我实现的需要。因此，在游戏设计中，利用虚拟现实技术为游戏者创造一个与现实相同的世界。游戏化教育软件归根到底是教育软件，所以在设计的时候，不能完全天马行空地想象游戏的情节，其情景要与游戏的设计开发目标——教育知识内容相一致。这就决定了游戏化教育软件的最终归结点必须是以合理的方式呈现知识，尤其不能违背科学的规律。

（二）用失误引发研究性学习

游戏者也需要失败的尝试，游戏设计让玩家完成的任务具有不同的困难度，并且从易到难，不同的操作触发的任务不同，有明显的区分度。因此游戏化教育软件的设计要让玩家阶段性地完成游戏。当游戏者在完成某些任务的时候遇到困难，并且经过多次努力尝试都没有办法解决的时候，游戏设计者应该适当给一些提示，但不是明确地给出答案，让学习者能够有自我探究的过程。不同的操作效果各异，不要让他们重复自己，要使得游戏在最终有合理的解决方法。

（三）用情境激发和维持游戏者动机

虚拟的3D环境让游戏者有沉浸其中的真实感，同时设立的各种互动使游戏者的参与动机更大。一个完整的动机包括三个方面的因素，即动机的内在需求，外在诱因和自我中介调节。内在需求与学习者个体在某一时期的主导需要和其对行为目标的认识有关，这种需求可以在学习过程中由自我调节，在外在诱因的作用下来调动。因此，合理的外在诱因的设置对激发与维持学习者的学习动机具有很强的作用。

根据对一般游戏的研究，发现除了有趣的情节（针对即时战略性游戏）之外，其他外在诱因，如积分、游戏币、等级等的设置，在虚拟的世界里对游戏者同样具有较大的吸引力。在游戏化教育软件中同样可以借助此方法：学习者在完成某个小知识点的学习之后，都可以通过一定的积分、游戏币的奖励和等级的增加来维持学习者继续学习的动力，而这种奖励针对网站的注册用户可以进行移植，即在某一学科的等级等奖励可在其他学科的游戏中体现。

第三节　游戏化消防教育软件的设计

经过大量文献研究以及前期调研，决定选取青少年科普知识中的一部分——“消防知识”作为游戏化教育软件要表现的教育内容，并设计和开发范例软件《面对火灾》。

以下为游戏设计脚本。

一、故事背景

游戏发生在消防训练营中。主人公是一个立志成为消防员的少年，他来到消防训练营，在这里接受各种训练，经历了许多磨难，最后他终于成为一名合格的消防员，英勇无畏地面对火灾，救死扶伤。

二、开场动画

一幢房子突然燃起了大火，火正向煤气罐蔓延，消防警报拉响，消防车急驰，一个消防员打开水枪，另一个消防员背着一个人冲出火海，发生爆炸，从火中弹出“面对火灾”（时间30s左右）。

开场动画的主要目的是让学习者对火灾有基本的认识，同时提起学习者对本游戏化教育软件的学习兴趣。

三、游戏过程

开场动画后进入主界面，界面设置按钮。进入游戏，观看动画，背景介绍，制作群，版本号。

1. 钻木取火，主人来到训练场地，他通过键盘控制的方式钻木取火

从这个过程中游戏者了解燃烧的三个条件。游戏者通过快速按左右键控制钻木的速度，当达到一定速度后，火燃起来了，显示，“YOU WIN”；如果在一定时间内游戏者没有动作则游戏失败，显示“GAME OVER”。燃烧的条件是可燃物、助燃物（氧化剂）和引火源（温度）。

（1）场景构成：训练场，贴有各种标语的墙壁、木棍、长木条。

（2）人物动作：主人公手持木棍，做好取火准备。

（3）互动：游戏者快速按键盘的左右键，人物开始来回转动木棍，按键速度达到一定值后，木棍冒烟，取火成功；在规定时间内没有达到速度，取火失败，给予成功正反馈，失败负反馈。弹出对话框，其中文字提示满足燃烧的条件。对话框包括，“下一步”和“继续按钮”。

2. 灭火英雄，模拟各种火灾。

固体着火（A 类火灾）、液体着火（B 类火灾）、气体着火（C 类火灾）、金属着火（D 类火灾）。游戏者选用相应灭火方法对几类火灾进行灭火，了解各种不同火灾的灭火的办法。

（1）场景构成：训练场，灭火器（泡沫、干粉、酸碱等），火堆（ABCD）。

（2）人物动作：站立主人公，步行，手持灭火器。

（3）互动：游戏者选取正确的灭火器进行灭火。当游戏者第一次点选灭火器时，弹出文字介绍灭火器使用方法，灭火器构造等的介绍。

在本部分游戏者通过对虚拟的灭火器仿真的使用操作，学会各种灭

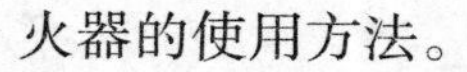

火器的使用方法。

3. 烈火逃生，一座大楼着火，游戏者通过指引逃出火场。

（1）场景构成：高楼的一层，楼梯，电梯。

（2）人物动作：主人公跑动，打电话报警，开关门窗，打湿毛巾。

互动：游戏者按照给定的逃生图以最短的时间逃出大楼，在火场中游戏者应用毛巾捂住嘴，不坐电梯等，如果游戏者没有这样做，他将无法逃出大楼。

教育目的：在本部分让游戏者身临火灾现场，学会在火灾中的生存技能，如打电话报警，呼救，用湿毛巾捂嘴等；培养游戏者在紧急情况下处理问题的能力和技巧。

第四节　游戏化消防教育软件使用数据与结果

为确定游戏化消防教育软件的应用效果，研究选取了 XXX 中学初中二年级 9 班进行，全班共 53 人作为实验对象，开始实验前发放前测问卷，发出 53 份，收回有效问卷 53 份。

实验时间为两周，学生上信息技术课时，让他们每次课最后 10min 试用软件，消防人员给予简单地讲解。信息技术课为一周一次，在两次课时，均到现场观察学生反映，第一次课时，学生表现了极大的兴趣，相互讨论，比试谁能更快地完成任务。第二次课时，有些学生提出了软件的一些改进意见，如，是否能让几个人共同去完成任务，任务的数量比较少，是否能驾驶消防车灭火等。两周实验结束后发放后测问卷，发放问卷 53 份，收回有效问卷 53 份。

一、游戏者前后对比分析

在对消防知识感兴趣的程度方面，前测中，25% 的同学很感兴趣，65% 的同学一般，10% 的同学不喜欢。而后测中 43% 的同学很感兴趣，52% 的同学一般，5% 的同学不喜欢。可见经过游戏化教育软件的试用，对消防知识很感兴趣的同学明显增加，说明使用游戏化教育软件传授知识能够提高学生的学习兴趣。

在是否喜欢利用电脑游戏来进行学习、练习的教育方式方面，前测中，有 17% 同学喜欢，有 58% 同学无所谓，有 25% 同学不喜欢。而后测中，有 30% 同学喜欢，有 55% 同学无所谓，有 15% 同学不喜欢。让学生体验了游戏化教育软件后，喜欢用电脑游戏来进行学习的人数明显增加，不喜欢的明显减少。对持中立态度的实验者影响较小。

在是否希望其他学科的学习采用游戏教育的方式方面，前测中，有 21%很希望，有 49%那样比较好，有 30%无所谓。后测中有 52%很希望，有 38% 那样比较好，有 10% 无所谓。很希望其他学科的学习也采用游戏教育方式的人数大幅上升，无所谓态度的人大幅下降。

二、教育性分析

从实验的结果可以看出，游戏化教育软件有一定的教育效果，在试用软件后，实验者的消防知识水平明显提高。

学习目标的制定是教育是否成功的一个重要因素。在软件的目标制定中是将操作技能与知识相结合，在每个游戏开始前针对学习的内容向学习者制定目标，把大的目标分解到学习的过程中。这样使学习者在学习的每一个环节都能有具体的学习目标，带着目标去学习。

在游戏化教育软件中主要使用的教育策略是反应刺激及情景式体验学习。反应刺激的策略有助于学习者的技能的学习，如怎么样操作灭火器的环节，就是让学习者在试用干粉灭火器，操作不正确，灭火器就无法工作，当学习者成功地完成一步操作后将会得到软件的正向反馈，而没有正确操作则会负反馈。就这样反复强化，让学习者能掌握相应的技能。情景式体验学习主要体现在，火场情景和灭火情景创设方面学习者能在虚拟的场景中进行灭火练习和逃生训练。这样就比单纯的讲解知识更能引起学习者兴趣，学习者也能在场景中学习到更多细节的东西。

在学习内容的选取上，选择了燃烧产生的原因，干粉灭火器的使用和火灾发生是必需的注意事项，这些有机的与游戏的方式结合，让学生在游戏软件中去学习知识，如同时配合教师的讲解，这样极大地提高了学习的效率。

三、游戏性分析

在前期调研中一些被调查者就提出，游戏的自由度大是他们喜欢游戏的原因。在软件中，学习者有很大的操作空间，在体会到游戏的乐趣同时也能学习到知识。

那么，游戏性究竟包括哪些部分呢？

第一，操作的乐趣。在软件中为学习者提供了很多的操作，如在钻木取火的游戏中游戏者通过快速按键来控制转木的速度，当到达一定的速度木头冒出火焰，如果速度不够则会被宣布失败。

第二，探索的乐趣。在本软件中逃生的部分，游戏者在房间里面寻找所需要的道具，如果没有这些道具他们将无法逃离火场。

第三，研究和练习的乐趣。这个乐趣可以说是普遍存在于所有游戏里的乐趣，但往往也是游戏制作里最难的部分。例如，在本软件中使用灭火器时，学习者必须先打开安全栓才能让其喷出灭火物质，现场灭火时也只有在适当的距离才能将火扑灭。

游戏性几乎存在于所有的游戏里，而且只是评价游戏好坏的一部分。

在设计制作游戏化教育软件的过程中由于受到内容的限制，很多的游戏性不能得到体现。这也是游戏化教育软件无法和普通游戏软件受欢迎的原因。但是人们可以选取适当的内容来制作既有游戏性又有教育性的游戏化教育软件。

四、激励机制分析

游戏的激励机制是玩家持续游戏的关键因素，在本软件中主要遵循以下原则。

首先，不以牺牲游戏的娱乐性为代价来进行游戏设计。如果硬性地把各个知识点加入游戏中，游戏就不再称之为游戏而是成为过去所经常使用的课件。这样最基本的一个激励机制就已经失去了，进一步激励机制的设置就无从谈起了。因此，在整个策划过程中要以游戏为基础，不能死板地呈现知识，不能为了讲述某些知识点，而缺少对真实火灾场景的表现。

其次，游戏化教育软件的入门阶段要简单。一方面从游戏的方面来说，上手需要容易操作需要简单：另一方面从知识内容设置来说，应该从最基本的内容开始入手。比如，在该游戏化教育软件中，第一个小游戏就是钻木取火，学习者可以通过互动，来获取燃烧条件的相关知识。在这个过程中学习者可以比较容易地学会游戏的操作并且以原有的知识为基础，在游戏化教育软件中取得成功，为进一步参与游戏化教育软件奠定了基础。

接下来，要为玩家设计一些比较困难的任务来完成，在完成的过程中既需要玩家对游戏的操作进一步的熟悉，又需要相关知识的支持。可以把相关知识的获取放在游戏的各个关卡之中，玩家在一个探索的过程中来获取各种火灾自救的信息与知识，同时把获得的这些信息与知识应用于游戏过程中，达到巩固与熟练的目的。

最后，当玩家对游戏的熟悉程度和知识的理解情况达到一定的水平之后，就要为其提供一个交流的平台，使之能够在游戏的过程中与其他的玩家进行交流，通过合作与竞争得到其他玩家的认可。此时，玩家可以在游戏的过程中得到其在现实中期望得到的荣誉与尊重。这个部分将在以后的工作中得到实现。

第九章　消防宣传策略创新之新媒体平台

第一节　利用微信平台创新消防宣传

一、微信与政务微信概述

（一）微信与政务微信的概念

1. 微信

什么是微信呢？微信是腾讯公司于 2011 年 1 月 21 日推出的一个为智能终端提供即时通信服务的免费应用程序，微信支持跨通信运营商、跨操作系统平台通过网络快速发送免费（需消耗少量网络流量）语音短信、视频、图片和文字，同时，也可以使用通过共享流媒体内容的资料和基于位置的社交插件“摇一摇”“漂流瓶”“朋友圈”“公众平台”等服务插件。

微信的鼻祖——美国的 whatsapp，是具有好友之间聊天功能的一款手机 APP，国内的米聊也是此类相对比较早的聊天产品。在 2011 年初，腾讯公司开发出微信，也算是对腾讯之前即时聊天工具 QQ 的一次“革命”。产品经理张小龙的横空出世，造就了一个伟大的移动诞生。截至 2022 年年底，微信用户数已经突破 12 亿。

2. 政务微信

政务微信顾名思义是指我国的各级政府、党委及所属的各部委办局以及社会团体、个人通过微信平台开通的公众账户，用户可以通过关注此类账号成为公众账号的“粉丝”，从而获得此公众账号发出的信息和服务，是实现一对一的信息沟通及政务服务良好平台。在经历发展的几年时间里，我国的政务微信也已成为公共管理、社会管理、突发事件应

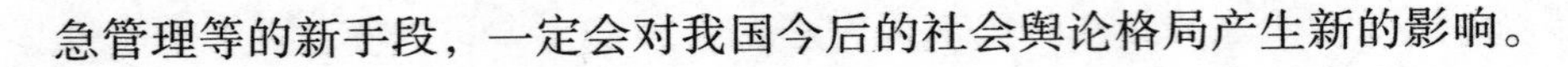

急管理等的新手段，一定会对我国今后的社会舆论格局产生新的影响。

（二）政务微信的功能

1.服务功能

政务微信就是借助微信的平台可定制和开发各种符合工作需要的服务功能，不管用户是否达到从少到多地循序递增，都应该在政务微信提供的平台上有方向有计划地为群众所需提前介入，做好关乎基层群众利益的服务设置，更要在平台上将自己的本职工作做得深入透彻和细致，充分把握和抢占政务微信平台的阵地，树立我国政务新的风向标。

2.发布功能

发布功能本身就是微信的基础功能，政务微信通过申请订阅号和公众号在固定时间在微信平台上发布官方信息，官方微信的传播过程分为大众传播阶段和好友传播阶段两个阶段，官方微信公众号被用户主动添加关注之后，公众号可以以固定频率与用户进行信息互动，这个阶段为大众传播阶段。

3.互动功能

互动功能是微信本身的特别之处，微信使用者可以和自己添加的好友直接面对面地进行单独的交流，政务微信也同时具备这个功能，公众可以将自己的想法、问题和建议，或是将突发情况的第一手消息通过微信平台发送给相应的政府部门，加大了政务微信的服务性，同时也保护了用户的私密性。

（三）政务微信的特点

1.互动性

受益于网络技术的迅猛发展，从政务微信的沟通方式来看，它不单单可以通过网络发送所需的文字和图片信息，更可以发送所需的语音和视频信息，用丰富的沟通方式用户进行交流在相当程度上使信息加速传播，使政府工作更加亲民和便民，也有助于我国政府与民众通过网络全方位地进行沟通、互动。再反向从民众的角度出发，通过接受政务官方微信的心系民众也能快速地做出及时的反馈。所以依托于现在微信这个大平台，我国政府在发布自己的工作信息之外，还能通过微信平台连续关注民众对信息的反映情况，做到第一时间回应民众最为关切需要的问题，使政府与民众深层互动。

2. 私密性

微信的功能是可以将用户进行分类的，这样就可以把不同的信息在固定的时间发送给感兴趣和需要的微信好友，有别于普通微信用户，在朋友圈发布信息的是政务微信，通过订阅号和公众号发布的信息不会被别的信息所覆盖，用户可以随时随地查找和阅读过去推送的历史信息。毕竟在微信的朋友圈中，好友是建立在自己认识的诸如QQ好友、手机通讯录好友等熟悉的社交圈子的基础之上，会使用户感到传播的消息更加真实可靠。微信好友之间沟通的信息也统一具有隐秘性，这就在一定程度上保障了我国网民的信息安全。

3. 亲民性

微信的出现本来就是一种亲民的网络软件，在这个大平台上诞生的政务微信不管是从形式上还是它的内容上也都体现了微信亲民性的特点。从形式上来说，政务微信是在微信的基础上诞生的，所以我国的政府部门在为用户答疑解惑时也可以进行一对一的交流，从而拉近了我国政府与民众的线上距离，让政府亲民的形象在民众心中扎根；再从内容上来说，我国政务微信每日定时发送的信息都是与民众的生活和利益紧密相连的。

4. 关键词定制

因为政务微信是通过订阅号和公众号的形式来推送消息的，所以政务微信公众账户一天只能在固定的时间向用户群推送一条重要的消息，而其他的一些相关信息都需要与用户进行一对一的回复和沟通，为了弥补这一个小小的缺失，提高微信公众号回复的效率，大部门政务微信公众号都在公众平台上使用了所谓的关键词定制功能。简单地说，就是将最需要表达的话浓缩为一个精简的词语，充分利用这个定制功能，让微信用户只需要回复一些关键词就可以得到对应的全面准确的信息。

二、“河南消防”官方微信分析

（一）整体情况

“河南消防”微信公众平台，2013 年开通，7 月 13 日发布第一条官方微信。2015 年 1 月 5 日通过了政务官方微信的认证。平台设置豫消政工、预约学习、消防服务三大板块。其中，豫消政工板块则连接了河南省消防救援总队政治部，一键浏览河南消防政工动态、消防文化等信息。预约学习板块则细分为参观预约、学习平台、VR 绘画展览等。其中 VR 绘画展览部分是运用全新的 VR 技术，展示新时代河南消防救援队伍的新面貌、新作为、新风采。展览中所展示绘画作品多为河南省当地儿童所做，孩子们从广大消防指战员的工作和生活中发现创作主题，捕捉创新的灵感，为“蓝朋友”画像。参加绘画作品达 500 余件，体裁多样、内容丰富，运用水墨画、素描、漫画、剪纸等多种艺术手段，表现了孩子们丰富多彩的内心世界。在 VR 技术的带领下可以深切地感受孩子们对消防员的真挚情感，对平安祥和生活的理解思考，对消除火灾隐患、避险救灾的美好愿望。

（二）议题发布分类

纵观“河南消防”微信公众平台从 2013 年开通至今为消防宣传推送的数千条微信内容。将信息按内容、信源、时间和载体进行以下分类。

1. 内容分类

（1）消息类。“河南消防”官方微信服务平台经常推送各种诸如突发火灾救援情况、火势控制进展、被困群众营救情况等动态消息，使群众第一时间了解火灾动向。以严酷的火灾事实敲打群众的消防意识。

（2）资料类。“河南消防”官方微信服务平台经常将过去发生火灾或以火灾形势发生的重大事故案例发布在平台上，如过去发生的河南长垣皇冠 KTV 火灾事故、“7·22”河南信阳客车起火事故、鲁山县康乐园老年公寓火灾事故，郑州秦岭路幼儿园火灾事故。通过案例的再三回顾，分析火灾发生原因，强调火灾带来的危害，提醒群众，树立消防意识。

（3）知识类。在“河南消防”官方微信服务平台上推送最多的应该就是“知识类”的消防内容。涉及大到逃生知识、扑救知识、自救知识、用电用气知识等，小到电影院逃生、超市逃生、地下商场逃生、宿舍逃生、火灾初期扑救、火灾后期扑救、用水扑救、用土扑救、用灭火器扑救、用电用气须知、用电用气常识、用电用气制度等。

2. 信源分类

（1）内源。“河南消防”官方微信服务平台所发布信息的来源较多来源于我国的国内情况，包括我国的消防法规的建立健全、消防知识的宣传与普及、火灾事例的呈现与分析、应急常识的推广与应用。

（2）外源。虽然信息较多来源于我国的内部情况，但也有涉及外国消防的案例和信息，如报道英国伦敦消防部门进行 2 000 多人的模拟应急演练，国外幼儿园如何进行消防教育，全球消防典范国家介绍等。

3. 时间分类

（1）历史。“河南消防”官方微信经常推送一些历史数据、历史事件和一些回顾系列的报道，诸如全年火灾事故的统计、火灾原因的统计、过去发生过的重大火灾和事故、回顾几年间“119”消防宣传日活动的开展情况。通过这些大数据和系列报道，让群众深切感受到火灾形势的严峻性。

（2）现在。“河南消防”官方微信推送的具有一定的时效性，不管是消防提醒、消防知识、消防关注都紧跟时下发生的热点话题。使受众没有陌生感。

（3）预测。预测类服务信息也时常出现在“河南消防”官方微信服务平台上，如根据季节和天气的变化，预测火灾的发生概率和情况、国家法定节假日可能发生的火灾事故，发布一些应对方法和经验。例如，河南多地升温，最最切忌的事，6 级大风横扫河南，千万别做的事、“破五”再迎烟花爆竹燃放高峰，安全燃放注意事项等。

4. 载体分类

（1）文字。“河南消防”官方微信公众平台发布的信息多以文字的方式出现，如消防知识、消防提醒、消防新闻、火灾事件等，都是通过文章的形式呈现在群众面前，相比过去单一黑白的文字形式，现在，不管是文字的大小、颜色、字体都非常丰富，甚至还出现了很多动态的文字和符号，大大吸引了群众的目光，提高了群众的阅读兴趣，也能让群众对信息的把握一目了然。

（2）声像。查阅“河南消防”官方微信的历史消息，发现推送的第一条官方微信就是以漫画的图像方式发布的，题目为轻松一刻，用可爱的漫画人物和人物间的简单对话普及消防法律和知识。是一种“可爱”的传播形式。在不同的微信推送信息中，不管是严肃的消防新闻、权威的消防数据、具体的消防知识还是应急的逃生技巧都不同形式的增加图像信息，不仅丰富具体了信息内容，而且能帮助群众能够更好地吸收信息内容。

（三）代表栏目和获奖情况

中国人民网舆情监测室 2 月 3 日发布了《2014 年度河南省三级政务微信影响力排行榜》，总队官方微信“河南消防”荣获河南省政务微信影响力排行榜第三名，河南省省级政务机构微信排行榜第二名的好成绩。

2015 年 2 月 7 日，国家互联网信息办公室发布《政务新媒体优秀公众账号和先进组织单位表彰名单》，总队官方微信“河南消防”跻身全国 58 个政务新媒体优秀公众账号之一，也是全国消防系统和河南省唯一获此殊荣的微信公众号。这是“河南消防”自去年年底以来荣获的第三项荣誉。

人民网舆情监测室发布 2015 年 10 月全国消防双微指数排行榜，把河南的消防机构开设的官方微博、微信账号进行详细的数据统计进行分析，评估账号的运营和发布情况主要是从它的传播力度、服务力度和互动力度三个方面，统计周期以一个月为基准。

2015 年 6 月 30 日，“互联网 + 让中原更加出彩”为口号的河南省第二届互联网大会在河南省会郑州开幕。大会发布了“2015 河南互联网年度评选”结果，“河南消防”在名为河南省政务新媒体综合影响力的排行榜上，被评为“河南省直机关政务新媒体综合影响力奖”。

2022 年 1 月 21 日，入选 2021 河南政务微信影响力年度榜单（省直类年度新锐力量 2021）。

三、微信消防宣传策略研究

（一）价值分析助推社会化消防宣传的可能性

1. 宣传内容针对性较强

微信本身就是一种好友和好友之间沟通的平台，交流圈的了解和信用度较高，“河南消防”官方微信就可以利用这个优势平台收集和了解关注用户的譬如年龄、职业、受教育水平、所在地域、收入情况等详细信息，从而把这些信息整合在一起，建立一个服务于开展消防宣传用户资料库。“河南消防”官方微信的发布人员就可以认真分析数据库的信息，发布具有不同针对性的消防类服务信息，并做到后续的沟通与跟进，对公众反馈回来的问题和意见及时分析，做出对投放信息效果的客观评价。

2. 宣传范围较广、不受时空限制

由于生活水平的提高和手机电脑使用率的提高，只要是具备上网条件的公众，都可以在任何时间任何地点通过微信平台查阅“河南消防”公众号发布和推送的服务内容，这是微信有别于其他媒介所不具备的大优势。所以“河南消防”官方微信就充分利用了微信宣传范围较广、不受时空限制的优势，大力开展线上的消防宣传工作。除此在外“河南消防”官方微信除了推送一般的消防信息之外，还可以将我国过去发生的典型案例处理办法、原因归纳放在微信平台上，为社会公众和相关单位提供一定的参考和借鉴，提高了处理火灾事故水平的社会整体能力。

3. 具有纵深性、交互性

用微信的公众都知道，它是一种用于好友间相互沟通的网络平台，信息传达的相互性就是它的特点之一，利用微信平台进行线上的消防宣传，最大的优势也在于信息推送所具有的交互性，相比以往单向传播的传统媒介就显出其优势所在了。通过“河南消防”官方微信在页面功能上的设置，用户只需点下所需要的选项，就可以直接跳转所连接的页面，获取所需要的信息内容。还有的是，关注“河南消防”官方微信的用户可以把自己的问题或是对推送信息的意见建议或是自己遇到的突发情况在相关板块直接留言，工作人员会对反馈的内容及时进行查看和回复，通过帮助公众解答有关消防方面的问题来拉近用户和“河南消防”官方微信之间的距离。

4. 属于多维度的宣传形式

经常发朋友圈的微信用户都会发现，朋友圈中呈现的信息状态有多种形式，如照片、小视频、歌曲、文字等。而利用微信平台开设的“河南消防”官方微信公众号在推送消息时也一样有很多不同的形式，消防线上的宣传属于多维度的宣传形式，有时“河南消防”官方微信的工作人员会将一些宣传文字、图像、音频和视频融合在一起进行消防类信息的推送，这就在感官上大大刺激了关注用户的眼球，让消防类信息在用户心中留下深刻的印象，从而“一传十，十传百”大大拓宽了宣传的深度和广度。也让用户在生动有趣的信息氛围之中走近“河南消防”、了解“河南消防”。

5. 宣传机动灵活和成本低

在接触和使用微信平台后，不管是与好友聊天还是发表朋友圈，都会发现它的编辑和操作流程都相当简单。“河南消防”官方微信在线上开展消防宣传工作也体现了这一优势，制作和推送信息的占用周期较短、花费时间较短。就是把推送需要的消防类的资料、消防类新闻事件通过不同的形式整合在一起，再推送出去达到宣传消防知识和技能的目的，这样省时省力的宣传模式是传统宣传模式所不能不具备的。第二点是，在以往传统宣传方式下一旦确定和发布消防宣传信息之后，就不能再进行内容和细节的修改了。但对于政务微信平台来说就不需要考虑“一锤定音”的缺陷，在官方微信平台上“河南消防”订阅号可以根据实际的需要及时添加或者更改宣传过的内容，而且历史信息也不会被抹去和覆盖，用户可以随时翻看推送过的信息，使线上的社会化消防宣传有利延续性。

6. 可以进行完善的数据统计

随着科学技术的发展、微信版本的不断更新，政务微信的后台运作系统也在不断地壮大，官方微信平台拥有了较为完善的统计数据机制，可以对推送信息的数量、信息的点击率、内容的阅读量、用户的反馈信息及时的做出较为完善的统计数据报告，进而让“河南消防”官方微信可以根据统计的数据做出分析，及时更改和完善自己的线上工作，相信这样更有利于“河南消防”官方微信的发展和取得更好的宣传成绩。

（二）发展策略研究

1. 积极做好引导工作，建立固定的受众群体

如何让更多的人知道“河南消防”官方微信的存在，如何让更多的人了解“河南消防”官方微信的作用，首先要做的就是引导工作。开展引导工作的原则应该是由近及远的，应当先从消防部队内部开始，引导消防队员和领导带头关注“河南消防”官方微信，成为它的第一批“粉丝”，并鼓励消防部队内部人员做好号召工作，引导身边的好友家人关注“河南消防”官方微信。其次，要利用消防的一系列宣传活动，在活动中将印有“河南消防”官方微信二维码的单子张贴在社区、单位或是人员高度集中的公共娱乐场所的显眼位置，引导群众进行关注，第三，其实消防和公安本来就是“一家人”，在政务微信中发展较早、数量最多的就是各省的公安官方微信了，所以可以联合河南省的公安系统，通过他们的平台宣传“河南消防”官方微信，也能让公安、消防的线上力量联合在一起，加大了各自的影响力，最后，就是通过当下的各类新媒体、传统媒体进行宣传，扩大引导群众关注“河南消防”官方微信的宣传路子，同时也缩短了引导的时间，为“河南消防”官方微信建立固定的关注群众带来帮助，同时也要通过各种手段鼓励群众多与“河南消防”官方微信进行线上交流，从而让公众号通过反馈信息及时调整，更好地服务于群众。

2. 及时发声，及时引导舆论

消防工作有别于其他工作的一点是，需要频繁处理突发事件，如火灾或以火灾形式发生的事故，这就需要“河南消防”官方微信做到工作的及时性、时效性。所以河南消防部队在开通“河南消防”官方微信后，要派专业人员对公众号进行回复提问等。最重要的是，在遇到发生特别重大的火灾事故时，“河南消防”官方微信的工作人员应该及时跟进或是亲临火灾现场获取第一手的资料，并将“最新鲜”的事故消息推送到官

方平台上，让受众了解事故从发生到解决的全过程，在这期间还会有人利用微信平台散布传播事故的谣言，让群众混淆视听，这也需要“河南消防”官方微信的工作人员及时引导舆论，把握事故信息传播的导向。

3. 优化完善传播机制

（1）优化完善传播方式。有别于普通微信通过微信好友进行传播、通过朋友圈进行传播、信息间的相互接受进行传播的方式，政务微信如消防政务官方微信之一的“河南消防”的传播方式却主要以信息间的接收为主，区别于政务微博的公开信息接收，政务微信是具有私密性的点对点的信息接收，就是说微信用户作为政务类信息接收的最终用户，在用户安装下载了微信客户端、关注“河南消防”官方微信公众号之后，在相对固定的时间里就会接收到来自“河南消防”官方微信账号推送的服务类消防信息等。那么怎样让“河南消防”官方微信推送的信息在微信好友和朋友圈得以推广？这就需要动员全社会的力量，但首先要借助“河南消防”官方微信的平台发起号召，号召河南各市级消防官方微信和各部门各单位，组织和鼓励群众把自己在“河南消防”官方微信平台看到的所需所用的信息发送给自己的微信好友和朋友圈，扩大传播的范围和影响力，从而让更多的人了解和走进河南消防的动态工作中去。

（2）优化完善传播阶段。大众传播阶段和微信好友传播阶段是政务类官方微信在传播过程上的前后阶段。一般都是，用户搜索和添加“河南消防”官方微信的公众号，公众号便会每日定时为用户发送信息，公众也可以通过微信公众平台与之互动，这个阶段被称为大众传播阶段，也是“河南消防”官方微信进行信息传播的第一阶段。但是“河南消防”官方微信的传播过程一般都停顿于此。其实普通微信中的通讯录好友与公众最喜爱发表状态的朋友圈也是微信公众号可以充分利用起来进行信息传播互动的绝佳途径，这就需要“河南消防”官方公众号进行对用户的引导，鼓励他们将查阅过的消防信息分享到自己的圈中好友和朋友圈中，这种做法让“河南消防”官方微信的关注用户急剧增加，拓宽了线上的关系网络，使河南的消防宣传工作变得主动起来，关注用户之间的联系也更加紧密。通过非常简单的点击，让“河南消防”官方微信推送的消防信息遍布到好友圈、朋友圈中、实现“河南消防”官方微信发布信息的二次传播，使传播效果加倍。

4.细化突发事件发布机制

消防作为我国的应急救援体系，担负着处理各种突发火灾和事故的责任。而当一些事故发生在人们身边时，人们都会不由自主地拿出手机和电脑上网查阅事故的具体情况。这时候，如果能通过查阅消防政务官方微信推送的权威信息，获取事故的真实情况，就是对关注政务微信用户的一种心理满足。对此，“河南消防”官方微信应该细化突发事件的发布机制，做好应对突发事件的准备工作。在获取和推送突发事件的信息时，“河南消防”官方微信首先要把握的就是时效性，因为时间就是生命，反之，当群众借助微信平台发送“求救”信息时，“河南消防”官方微信的后台负责人员也要第一时间做出反应，做到及时回复群众，在安抚群众的心理上获取更加详细的事故信息，以便于消防中队更好地开展救援工作。其次在突发事件的发布上，“河南消防”官方微信更要秉承着信息公开和法制的原则，要注重强调突发性事故报道的严肃性，确保信息数据的真实有效。第三，“河南消防”要完善对推送突发事件报道信息的发布流程，通俗地讲，就是要把信息发布前、信息发布中和信息发布后的工作细化和落实到位，确保每一个环节的顺利进行。比如，信息发布前的主要任务是数据的收集和加工，确立信息的主题，信息发布中的主要任务是保持信息的动态化，让群众了解事故发生和处理的重要过程，在此，还要保持和群众的互动，达到获取群众信息和安抚群众心理的效果，而信息发布后的主要任务则是对报道的事故进行跟踪调查和发挥“河南消防”官方微信在线上的舆论引导作用，为今后再次处理突发事件总结经验。

5. 加大原创力度

为了让用户最大限度地感受到“河南消防”官方微信推送信息的新鲜度和独特性，应加大推送原创的消防服务信息，减少推送转载类的消防服务信息。“河南消防”官方微信可以循序渐进的增强推送信息的原创性，可以先从对转载信息进行二次创作开始，在转载信息中寻找有关消防方面的切入点，通过转载信息的内容做简单的介绍和引用，将信息的大部分篇幅留给这则信息里与消防方面有关的内容，并通过转载信息的内容做出在消防方面具有创新性的分析，指导和引导群众的价值观。慢慢地，“河南消防”官方微信在总结了之前的工作经验后，可以把线上的身份从转载信息的发布者转变为原创信息的生产者，真真正正地实现推送符合群众需求的贴切实际的消防服务信息，在形式上也可以加强原创性，不仅仅是把简单的文字、资料图片和声音结合起来，还可以加入视频和音频类的服务信息，更可以设置一些“河南消防”官方微信独有的标语、图标、卡通形象等，逐步让原本较为单一的信息发布方式变得丰富多彩起来，只有这样才能不断地吸引潜在的微信用户关注“河南消防”官方微信，也让群众在阅读信息时不仅仅收获到有关消防的知识和技能，提高用户的体验价值，也更收获到一份快乐和温暖。

6. 开放微信约平台

借助微信平台开设“河南消防”官方微信，就是为了更好地普及社会化消防宣传，更为了拉近与群众的距离，让宣传的效果不仅仅停留在表面，而是得到真正的学习和体验，“河南消防”官方微信可以通过网上预约的方式让群众有机会真正地走进消防大队中，感受消防队员的工作状态，零距离的接触消防装备和器材，在消防队员的示范下学习逃生技巧。使消防宣传更加生动化。可以通过“河南消防”官方微信平台开放微信约服务。通过在线预约，选择预约区域、预约消防站、预约时间，并填写单位名称、联系人、手机号码、身份证等详细信息。提交后可以通过预约查询功能查询是否预约成功。开放微信约平台有利于实现零距离的消防宣传，强化宣传效果。通过网上预约的方式，在预约成功后方可走进消防大队，与消防队员零距离接触，在消防队员的示范下面对面地进行消防知识与技能的学习，达到实现零距离的消防宣传。开放微信约平台还有利于细分宣传对象，提高宣传的针对性。在网上预约的信息中，消防大队可以了解预约群众的具体信息，如某企业的职工、幼儿园的学龄儿童或是老干部活动中心的爷爷奶奶，通过这些具体的信息，消防大队就可以有针对性地做好准备工作，在对预约群众进行各种消防知识的讲解、消防器材的讲解、消防技能的讲解上找寻不同的侧重点，有针对性地进行消防宣传。

7. 树立品牌观念

品牌理念的产生源于确立稳定的“消费”人群，吸引“消费”人群，并且建立“消费”人群的品牌忠诚度，达到为“客户”创造“市场”优势的目的。随着当下我国的传媒产业区域饱和化，越来越多的传媒单位开始察觉到了品牌的重要性，品牌意识开始觉醒，我国的各路媒体开始大打品牌战。同样，“河南消防”官方微信作为政务新媒体时代下的产物，要想在当下的政务新媒体中站住脚，赢得公众的关注，就要跟上时代的步伐，树立起自己的品牌，改革创新。这需要“河南消防”官方微信整合自己的发展策略，通过一系列的调整，完善消防宣传的运作策略、模式和报道形式，提高自己推送的消防类信息的不可代替性，是信息具有鲜明的个性，最后形成自己具有品牌化的消防政务类官方微信平台。但河南消防宣传队伍中较为有名的是《吴参谋说消防》栏目，虽然是消防宣传工作品牌化的雏形，标志着消防宣传工作走上了品牌化发展的道路和传播的方向。但数量过少，形式较为单一，应大力加强品牌栏目和作品信息的创建，是“河南消防”官方微信树立起品牌意识。

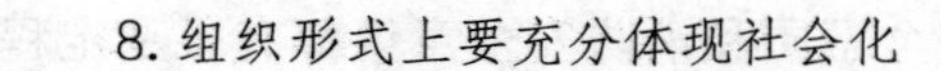

8. 组织形式上要充分体现社会化

消防宣传工作是消防工作中的重中之重，他本身就是一种社会化的行为。我国的消防法规定：任何单位和个人都有维护消防安全、保护消防设施、宣传消防、预防火灾、报告火灾的责任和义务。任何单位和成年人都有参加和组织消防宣传和灭火的义务。也符合深入贯彻落实科学发展观，按照我国政府统一领导，部门依法监督，单位全面负责，公民积极参与的原则。申请“河南消防”官方微信公众号就是要借助政务微信这个当下最好的网络平台建立起社会化消防宣传的线上大格局，这就需要“河南消防”官方微信公众号在线上的号召力，鼓励我国的大到各级政府、企事业单位，小到街道社区、平凡百姓把消防宣传工作纳入它们的具体工作和生活中，鼓励他们发挥自身力量在工作的各个环节中宣传“河南消防”官方微信公众号，也做到积极把各行各业中存在的消防问题和安全隐患通过线上主动传达到“河南消防”官方微信公众平台上，慢慢地让“河南消防”官方微信渗透各个领域，辐射到社会的每一个角落，真正实现全民的社会化消防宣传。

9. 运作模式上要体现人文关怀

“人文关怀”这个新名词的出现透露出中共“思想政治工作的新变化”。以前思想政治工作的中心是教育人，现在提出人文关怀，体现了执政党将工作的侧重点放在了对人民的关怀、社会对人民的关爱，原本严肃的思想政治工作开始趋向关心人民内心的感受，引导人们正确对待自己、他人和社会，正确对待困难、挫折和荣誉。这拉近了我国执政党与人民的距离。其实，不管是线上还是线下的消防工作，常常要报道全国各地发生的火灾和造成的人死人伤情况，这些不忍直视的画面和瞠目结舌的数据往往会给公民带来心理上的负面影响，所以“河南消防”官方微信平台在当下政务信息竞争越来越激烈的情况下，微信的新闻策划人员就要重视起体现新闻中的人文关怀。而且，随着时代的发展和城市化进程的加快，我国公民的消防安全素质和消防安全意识都有了一定程度上的提高，这造成了当下公民对消防类信息的要求变得更加严格，公民对信息的审美观念也在不断提高，所以“河南消防”官方微信在开展线上工作时，要时刻牢记要以受众的需求和利益为中心，时刻紧跟受众在不断变化的信息消费方式和舆论的认知方式，并根据实际情况，将微信平台推送的信息以群众喜闻乐见的形式表现出来，让群众在轻松愉悦的气氛中汲取消防知识。也可以把它看成是“河南消防”官方微信成熟化的一个重要体现。

第二节　利用微博平台创新消防宣传

一、微博与政务微博概述

（一）微博

1. 微博的概念

微博，简称微博客，是一种基于用户关系，并通过关注机制分享简短实时信息的广播式的社交网络平台。用户可以以 140 字符左右的文字公开发布信息，实现即时分享。

2007 年 5 月，王兴创建了国内第一家微博网站。2009 年 8 月，中国门户网站新浪推出“新浪微博”内测版，成为门户网站中第一家提供微博服务的网站，从此微博正式进入中文上网主流人群视野。截至 2012 年 12 月底，中国微博用户规模达到 3.09 亿，成为世界第一大国。

2. 微博的特点

（1）自主性。微博信息获取具有很强的自主性、选择性。用户可以

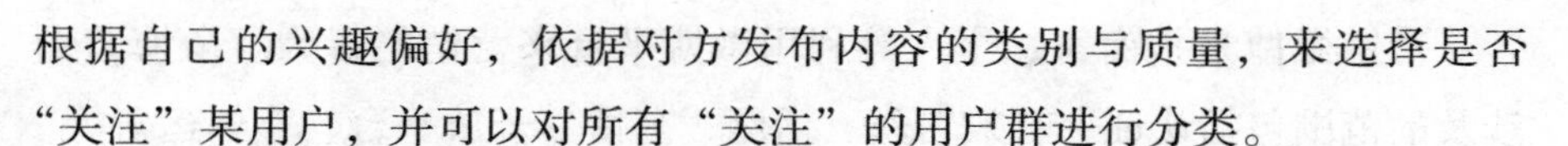

根据自己的兴趣偏好，依据对方发布内容的类别与质量，来选择是否“关注”某用户，并可以对所有“关注”的用户群进行分类。

（2）互动性。微博宣传的影响力具有很大弹性，与内容质量高度相关，其影响力基于用户现有的被“关注”的数量。用户发布信息的吸引力，新闻性越强，对该用户感兴趣、关注该用户的人数也越多，影响力越大。此外，微博平台本身的认证及推荐亦有助于增加被“关注”的数量。微博的转发是一种“病毒”式传播，影响广，速度快。

（3）快捷性。微博信息共享便捷迅速。微博即时通信功能非常强大，可以通过各种连接网络的平台，在随时随地发表、查看微博，即时浏览和发布信息，甚至发起讨论、参与话题，实时性、现场感，快捷性都超过传统媒体及网络媒体。

（4）精短性。微博内容短小精悍。微博的内容限定为 140 字左右，内容简短，主题突出，不必过于讲究语言、篇幅、结构等，表达随意，对使用者的文字功底的要求比较低。

（5）随意性。微博表现手段多样，且比较随意。一篇微博中可以同时使用文字、符号、表情、图片、音频、视频等多种表现手法，或者只用一张图片、一段音频或视频，比较随意。也不讲究写作形式，没有排版要求，微博没有段落，不讲究层次，也没有标题，对语言，语法规则以及标点的运用没有很严格的要求。过于书面的表达都不太适宜微博，微博是一种“口头文化”，是随性的、随意的，甚至是随便的。总之，微博写作的特点就是“零编辑、零语法、零文采、零形式”。

3. 微博的种类

根据微博的内容和用途的不同，可分为文艺微博、营销微博、购物微博等三类。文艺微博，也叫微博体、“段子体”“语录体”，是网络时代流行的一种文体，是用简短又有意思的词句吸引读者，有一定文学性，体裁和风格多样。有新闻体微博、小说体微博、散文诗体微博、剧本体微博、评论体微博等类型。

营销微博是指商家、个人等利用微博平台来营销的行为。微博营销涉及的范围包括认证、有效粉丝、话题、名博、开放平台、整体运营等。

购物微博是商家采用微博主要介绍流行趋势、进行品牌推介、提供促销信息。与海报等传统促销方式相比，这种方式图文并茂，最主要的是粉丝可以通过跟帖现身说法，大大提升了可信度。

根据微博使用者身份的不同可以分为个人微博，政府微博、企业微博等。个人微博是用户以与朋友交流为目的，以个人本身的知名度来得到关注和了解。主要是用于平时抒发感情，或者及时发布一些亲历的事件以引起关注，功利性并不明显。

政府微博主要是以政府机构和官员名义开通的，并受到身份认证的微博，代表政府形象，是政府与民众沟通、发布信息、了解民情的一个平台。

企业微博主要是以企业的名义开通的，一般以宣传企业为目的，树立企业形象和推销产品，增加企业知名度。

（二）政务微博

1. 政务微博的概念

对于政务微博，至今没有明确统一的定义。安徽省委党校崔学敬认为，政务微博就是政府部门及其官员开设的主要用于倾听人民心声、诉求，排解与政府管理有关的实际问题，传达党和政府的声音、及时公布相关数据和事件，从而进行网上知晓、网下解决问题的相关微博。[①]

《中国政务微博研究报告》主笔、复旦大学新闻学院传播学博士张志安认为，政务微博最为根本的，是具有多向互动功能，"以去中心化传播和开放式网络形成的平等关系为基础，微博中的政府、官员与普通百姓不再是简单的'施'与'受'的关系，相反其角色是灵活的：微博之于

① 崔学敬．党校系统在微博阵地集体失声的原因和对策[J]．中共贵州省委党校学报，2012（2）：103-105.

政府，是低成本发布信息、塑造形象和获悉民意的工具；微博之于民众，则是迅捷获取政务讯息、表达诉求和政务监督的管道”[①]。

本书讨论的政务微博，特指中国政府部门及其官员因公共事务而开设的官方微博账号。从本质上讲，它是利用新的信息化手段、借助新媒体武装政府、优化丰富政府为人民服务能效，以更加及时有效地指导科学发展、推进政府工作，提升政府绩效的特殊平台。政务微博在社会管理创新、政府信息公开、新闻舆论引导、倾听民众呼声、树立政府形象、群众政治参与等方面起到了积极的作用。

2. 政务微博的特点

政务微博作为政府在互联网上的一个窗口，它所承载的功能和使命与其他微博有所不同，而且随着用户基数的不断增长，它也在不断呈现出新的特点。

（1）传播主体具有官方性。政务微博的定位与一般微博不同，它是政府机构或者官员为了提升工作透明度和公信力、加强与公众互动交流、展示地方或部门特色而在互联网上建立的官方网络互动平台。通过政务微博发布信息、表达意见和处理问题的情况，在公众眼中将直接代表该单位、该部门在具体事务中的作为和态度。这是政务微博与一般微博最大的不同之处。尤其是官员微博，兼具个人微博和政务微博双重属性。对此，清华大学公共关系与战略传播研究所社会化媒体实验室高级研究员侯锷曾表示，“官员通过其个人微博所展示出的倾向性、价值观与理念、观点与内涵、人格力与影响力，在很大程度上强化和带动着公众对其身后政务职能部门的关切、信赖和情绪，这种综合认知并将最终移转为政府的整体形象”[②]。官员微博的身份与角色的双重性，决定了他们在涉

① 张志安，曹艳辉 . 政务微博和政务微信：传承与协同 [J]. 新闻与写作，2014（12）：57-60.

② 侯锷，潘建新，寇佳婵 . 微政时代：政务微博实务指南 [M]. 北京：五洲传播出版社，2012：18-40.

及政务话题探讨时，身份的特殊性自然会被微博“放大”为官方执政者的理念和观点，因此政府机构和官员在应用政务微博时言辞和态度必须慎重。

（2）传播内容兼具权威性和灵活性。当今社会，公众对政府信息的关注度空前高涨，及时获得准确的信息成为公众的普遍需求。微博平台为政府信息发布创造了良好的环境。首先，政府可以比较主动、自主地发布日常工作汇总信息，利用微博等先进的信息流通技术将政府应该公开的涉及百姓关心的政治、经济、文化、安全等各方面工作情况以及有关国家法规、政策等在网上进行定期的发布，让人民群众了解相关政府的职能、政策与服务。其次，在一些突发事件中，政务微博应及时将事件的实际情况、现场第一手材料第一时间向网民发布，对于流言和谣言要及时做出回应或澄清，避免网络不实信息的产生与传播。政府的权威性决定了政务微博所发布的信息的权威性，这是其他微博所不能企及的。

在政务微博中，虽然政府的指令性和解释性信息占据了很大的比例，但是政务微博不仅能够满足政府机构发布信息的功效，还是一个政府和群众有效沟通的桥梁，大量以互动式便民式为主旨的政务微博相继出现。例如，微博账号“上海发布”推出“早安上海”“上海新闻”“午间时光”“灯下夜读”等栏目，组织微访谈、微活动、微调查，链接“中国上海”门户网站和上海市人民政府新闻办公室官方网站，努力为公众提供及时的信息服务。

（3）传播媒介具有互动性。微博的一大特点就是互动，这也是政务微博与政府一般信息发布的不同之处。过去民众通过政府网站、报纸等第三方媒介渠道被动了解信息事件，而政务微博则是越过第三方，基于微博平台实现了政府和网民间的直接沟通。这种面对面的交流，不再是单向的传播，更主动有效，极具直观性，也便于网民对细节进一步了解和把握。

与传统的信息发布方式相比，政务微博更具有人性化的亲民特点，

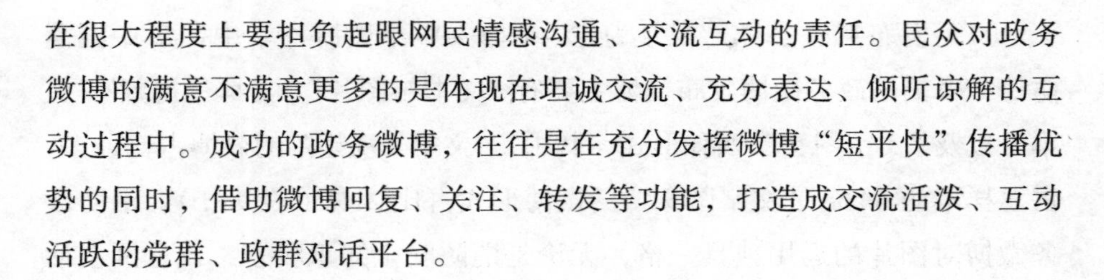

在很大程度上要担负起跟网民情感沟通、交流互动的责任。民众对政务微博的满意不满意更多的是体现在坦诚交流、充分表达、倾听谅解的互动过程中。成功的政务微博，往往是在充分发挥微博“短平快”传播优势的同时，借助微博回复、关注、转发等功能，打造成交流活泼、互动活跃的党群、政群对话平台。

（三）消防政务微博

1. 消防政务微博的概念

消防政务微博是指由消防机构在微博平台上开设并通过官方认证的微博账号，是政务微博体系的重要组成部分，是消防部门转变治理思维，主动拥抱互联网的鲜明表征。作为消防部门的网络形象代表，消防政务微博时刻秉持为人民服务的理念宗旨，实事求是的工作态度，对消防部门政务公开、常识传播等方面进行宣传，是消防机构在新时期推进社会治理精细化、现代化的重要手段。消防政务微博以消防宣传和安全知识普及为核心，承担着信息发布，安全监督，为民服务等职责，消防政务微博利用文字、图片、视频等形式，通过主动设置话题，鼓励粉丝发表观点，与网民进行线上互动，拉近与民众的距离。

2. 消防政务微博的特点

研究根据 2019 年 8 月人民日报发布的《2019 年上半年人民日报 · 政务指数微博影响力报告》中的《全国十大应急系统微博》榜单，主要选取 @ 中国消防、@ 江西消防、@ 安徽消防、@ 上海消防、@ 江苏消防、@ 柳州消防、@ 武汉消防、@ 陕西消防、@ 金山消防 9 个消防政务微博账号所发布的 4 905 条信息作为研究样本，并选定自 2019 年 3 月 1 日至 2019 年 3 月 31 日作为监测期，采用专业数据抓取工具对新浪微博网页版数据进行爬取，并对其进行深入的数据统计分析，通过对 9 个微博账号每天发布的信息内容、类别、阅读量和评论数等做统计，分析消防政务微博在设置议题中的特点。

（1）发布形式多样，视频为主。在 4 905 个微博样本中，@ 中国消防等 9 个消防政务微博发布微博主要有“文本 + 图片”“文本 + 视频”“文本”以及“文字图文”四种形式，其中，“文本 + 视频”的微博占比最多，占总样本的 64%，“文字图文”的微博形式占比 21%（表 9–1）。消防政务微博对图片的运用独具一格，无论是消防安全知识科普，或是网友话题互动，都可使用“图片 + 文字”的方法，使得传播的信息色彩丰富，吸引受众阅读。

表 9–1　微博信息的类型

分类	数量 / 个	比重 / %
文本 + 视频	3 139	64
文字图文	1 030	21
文本 + 图片	638	13
文本	98	2

观察表格可以发现，“文本 + 视频”是消防政务微博主要的传播形式，借助短视频清晰直观的传播特点，吸引粉丝点阅。通过对相关微博内容的梳理，可将消防微博视频分为消防动画、消防实验、消防微电影等类型。

消防动画的题材较为广泛，主要包含、火灾、暴雨、洪水等自然灾害以及爆炸、垮塌、交通事故等灾难的救援抢险，由于很多环节无法用真实的影像去表达，消防动画的出现较好地解决了此类问题。消防动画的制作成本较低，可通过电视频道、手机微博、公共场所的大屏幕等途径进行传播，传播形式老少皆宜，有助于人们迅速获取消防安全知识，解决消防安全教育问题。

消防实验视频一般由专业消防从业人员在配备安全防护设备的前提下进行拍摄，其优势在于，通过模拟实验的方式，直截了当地破除流言、

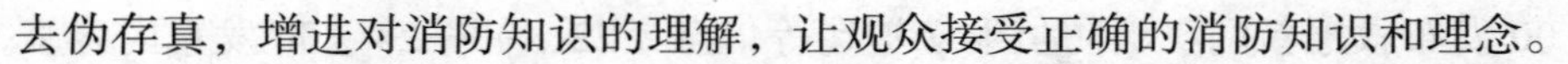

去伪存真，增进对消防知识的理解，让观众接受正确的消防知识和理念。

消防微电影以普及防火、灭火及逃生自救常识等内容为主，将消防主题融入短短几分钟的微电影中。通过精心解构消防事件、消防人员的方式，在讲述故事的同时潜移默化地传播了消防安全理念和防范知识，激发消防指战员的职业认同感、自豪感，同时赢得了社会各界的广泛关注，高度赞誉。

（2）发布时段集中，频率较高。消防政务微博为了解决微博的送达率，一方面需要掌握发布频率，另一方面要掌握发布时间。本书按照工作日和周末分类，根据一般休息时间将一天 24h 分为六个时间段，即 00：00—07：00、07：00—12：00、12：00—15：00、15：00—19：00、19：00—22：00、22：00—24：00，详情如表 9-2 所示。

表 9-2　微博发布的时间

时间段	工作日	周末
00：00—07：00	5	4
07：00—12：00	16	18
12：00—15：00	26	28
15：00—19：00	13	11
19：00—22：00	22	17
22：00—24：00	17	21

通过表格可以发现，消防政务微博在工作日发布的微博内容数量与周末期间发布的数量差异不甚明显，07：00—12：00、12：00—15：00、19：00—22：00、22：00—24：00，这四个时段处于微博发布的峰值。根据微博用户的工作和生活习惯以及消防宣传的特色，消防政务微博多在 07：00—12：00 发布早晨问候、行业动态等内容，在 12：00—15：00 发布“厨房用火不离人”等厨房用火警示信息，在 19：00—22：

00 发布救援新闻、消防员形象塑造等信息，22：00—24：00 发布内容多为回复网友提问，与网友互动等内容。总体而言，消防政务微博发布时间的选择是建立在对网民生活习惯的考量以及防火防灾宣传等基础之上。

（3）信息多为原创，注重互动。从收集统计的微博信息中，整理和分析了 9 个消防政务微博的原创和转发、评论情况，可得出具体数据如下表 9-3 所示。

表 9-3　微博信息的来源

研究对象	信息来源		原创率 / %
	原创	转评	
@ 中国消防	470	111	81
@ 江西消防	303	178	63
@ 江苏消防	484	161	75
@ 柳州消防	191	132	59
@ 上海消防	375	112	77
@ 金山消防	554	237	70
@ 武汉消防	113	58	66
@ 陕西消防	472	104	82
@ 安徽消防	748	102	88

通过表格可知，消防政务微博的微博信息原创率较高，9 个账号均在 60% 以上，其中，@ 安徽消防的原创率最高，并且发布的原创微博数量最多。转发、评论的内容多为转发网友微博、其他消防政务微博发布的信息等，体现了与网民和同行的互动。

3. 消防政务微博的内容

高品质的议题内容是消防政务微博从诸多微博账号中脱颖而出的关键，是吸引用户、提高传播影响力的硬道理，消防政务微博是消防机构为适应新媒体时代的信息传播特点而采用的新的宣传手段。从网民的需求出发，消防政务微博严格筛选与民众生活息息相关的信息内容，可以包括消防法律法规、常见的消防常识、救援抢险新闻、消防员形象塑造等。消防政务微博利用微博的特点，以简短的内容将重要的信息传达给网民，赢得民众的好评。

通过对 @ 中国消防、@ 江西消防、@ 安徽消防等 9 个消防政务微博账号于 2019 年 3 月期间发布的 4 905 条微博内容整理可知，消防政务微博发布的主要议题可分为消防职能类、社会生活类、公共关系类三大部分，细分包含消防科普、救援抢险、消防员形象塑造、监督检查、火情通报、早晚问候、新闻资讯、微博辟谣、回复网友提问、微博抽奖等内容（表 9-4）。

表 9-4　消防政务微博发布议题的分类

分类		数量 / 个	比例 / %
消防职能类	消防科普	942	19.2
	救援抢险	1 241	25.3
	消防员形象塑造	721	14.7
	监督检查	280	5.7
	火情通报	397	8.1
社会生活类	早晚问候	265	5.4
	行业动态	176	3.6
	微博辟谣	98	2.0
公共关系类	回复网友提问	647	13.2
	微博抽奖	54	1.1
	其他	84	1.7

（1）消防职能类。消防机构依法承担灭火救援、消防安全宣传教育、

消防安全监管等工作，消防职能类信息是指消防政务微博发布的与消防机构本职工作密切相关的讯息。政务微博对消防职能类信息的发布是消防部门积极履行职责，有效参与社会治理的工作路径，协同治理理论强调应鼓励民众参与社会治理，对消防工作相关信息的了解是满足民众知情权的重要保障，同时也是引导民众投身社会治理的前提条件。

旨在为消防机构形象塑造的消防职能类议题内容包括：消防科普、救援抢险、消防员形象塑造、线上监督、火情通报等关乎消防本职工作的类别。在选取的 4 905 条样本中，有 73% 的微博内容与消防职能类相关，共计 3 581 条。

①消防信息科普，提高安全素质。消防政务微博进行消防安全宣传的基本目标是提升网民群体的消防安全素质，减少火灾事故等危险的发生。消防科普信息在消防职能类信息中占比 19.2%，在调研期间共有 942 条相关信息。作为消防部门的官方微博，消防政务微博的首要目的是服务民众生活，科普消防安全知识，保障人民群众的生命财产安全。通过普及消防科学知识，增强消防素质，预防火灾事故的发生被诸多消防政务微博放在重要位置，@ 中国消防的微博简介内容为“以消防科普为使命”。消防科普议题传播的内容丰富，形式多样，包括厨房用火安全、电动车充电安全、高层起火逃生知识、地震逃生知识、消防设施使用方法等，多采用图文结合，防火科普视频等呈现方式，易于为民众接受。@ 江西消防发布的微博：

“【丞相，别慌！】大火四起，浓烟滚滚，如何逃生？江西消防致敬国粹，推出京剧版消防公益大片。两位 70 多岁京剧老艺术家带领“众将官”，用火场逃生七字诀，化解敌将毒计，安然脱困。amazing，学他！”

该视频在短短 51s 内，利用京剧这一国粹艺术表现形式，巧妙地将“弯腰低姿捂口鼻”的七字火场逃生诀传递给网民，既达到向民众科普消防安全知识的目的，同时做到助力传统文化的传承创新。

②救援抢险宣传，警示网民注意。救援抢险类微博共有 1 241 条，

在所有信息类别中比重最大，为消防职能类微博总量的 25.3%。消灭火灾、抢险救灾是消防员的职责和使命，对消防救援抢险活动进行宣传是消防政务微博的基本任务，救援抢险类信息主要与消防员出警议题有关，包括火灾警情、群众救援、抗洪抢险等。根据我国《消防法》规定，消防救援机构作为灭火抢险的主要力量，主要职责包含组织指导消防救援工作，组织指导消防安全宣传教育工作，对辖区的消防工作进行监督管理等。消防机构接触社会面较广，几乎各个行业、各个部门都与消防有关，救援任务繁重，危险系数较高，加之我国幅员辽阔，有显著的季节差异和地域特性。例如，北方春季较干燥易引发火灾，南方夏季易发生洪涝灾害，这些都为消防救援工作增加不少任务量。消防政务微博通过对消防机构灭火抢险等救援行动的宣传，为民众敲响警钟，警惕危险，通过反面教材的警示作用，有利于提高民众消防安全意识，减少灾害发生。

例如，@ 江西消防于 2019 年 3 月 29 日发布的微博：

“【九江学院一宿舍着火 # 无人员伤亡】3 月 28 日 19 时 40 分许，九江学院会计学院 28 栋学生公寓 4 楼一宿舍起火，屋内无人，学院保卫科人员将宿舍门撬开，用室内消火栓有效控制火灾蔓延，同时组织疏散学生。消防队到场后将火扑灭，无人员伤亡。火灾原因正在调查。”

通过视频可以看到，现场火势较大，宿舍玻璃也由于高温发生爆炸，后经调查，该宿舍起火是由于学生违规使用大功率电器造成的。校园火灾时威胁校园安全的一大隐患，多发生在宿舍、实验室等人员往来频繁的场所，一经发生极易对学生生命财产安全产生威胁，通过对学校火灾事故的宣传报道，使在校师生心中常记安全用电注意事项，减少此类事件发生。

③消防员形象塑造，提升职业地位。在过去的消防宣传中，媒介塑造的消防员形象多是和“牺牲”“奉献”“敬业”“爱国”等词汇相关的英雄形象，民众对消防员的认识正面有余，缺乏立体化、全方位的认知。

综合 9 个消防政务微博发布的内容，以消防员形象塑造为主题的信息共有 721 条，在消防职能类信息中的比重为 14.7%。微博消防员作为消防安全事故发生时的救援主体力量，主要承担消灭火灾和其他救援工作，需要具备良好的身体素质及抗压能力。消防政务微博使用网络化语言发布消防员战士的日常工作与生活实录，塑造立体饱满的消防员形象，增强民众黏性。消防政务微博通过创造 # 消防蓝朋友 #、# 火焰蓝玫瑰 # 等话题，发布消防队员个体的日常生活记录，改变了过去人们对消防队员的传统认知，微博内容中的消防员们富有生活情趣，拥有饱满的人物形象，拉近了民众与官兵之间的心理距离，易于产生情感认同。

例如，@ 江苏消防于 2019 年 3 月 31 日发布的微博：

"# 消防蓝朋友 #【消防员出警有多快】警铃响后，消防员纷纷顺着铁杆滑下，1min 内消防车出库。几乎每位消防员都遇到过正洗澡来火警的时候，打铃就是命令，消防员笑着说，内衣都是放在随手够到的地方！"

该条微博以"文字 + 视频"的形式，展示出消防员在听到警铃后，1min 内穿好消防服并开出消防车前往救援现场的高效救援模式，让普通民众对消防员的救援抢险工作有了更深了解，塑造出消防员高效出警、认真负责的形象。

④线上监督执法，整改消防隐患。我国《消防法》规定，消防救援机构应依照职责对人员密集场所、消防产品、消防设施等进行监督检查。作为消防机构的官方"代言人"，消防政务微博同样具有消防监督的能力。一些微博用户会将违规用电等行为发布到微博平台，一经消防政务微博发现，便会迅速找到用户所在地消防救援机构，进行线下整改教育。同时，热心网友一旦发现身边有用电、用火的危险行为，也会自发"@"消防政务微博进行举报。@ 中国消防曾根据某校学生发布的在宿舍违规用电信息，找到该生所在学校对其违规行为进行矫正。此外，消防政务微博也会对消防栓、火灾报警器等消防设施进行线上监督，对违规行为

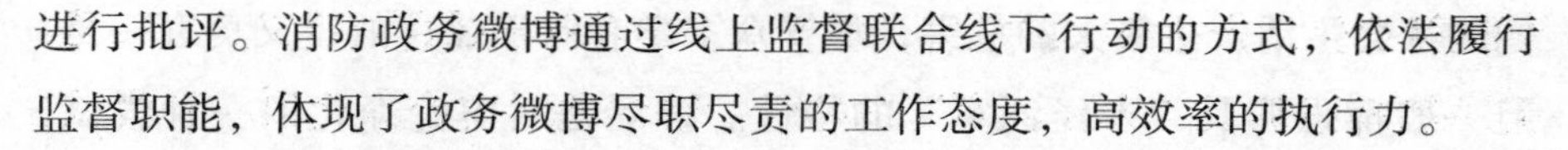

进行批评。消防政务微博通过线上监督联合线下行动的方式，依法履行监督职能，体现了政务微博尽职尽责的工作态度，高效率的执行力。

⑤火情信息通报，减少网络谣言。防火灭火时消防救援机构的首要职责，作为消防机构官方微博，消防政务微博天然承担着及时发布信息的职能，对火情信息的及时通报是消防政务微博积极履行职责的重要表现。通过对火情信息的通报，一方面满足了民众的知情权，让网友及时了解火灾事故的最新消息，减少民众焦虑和谣言的发生，另一方面火灾事故的发生起到警示的作用，提醒人们小心防范，注意安全，对火情信息的报道，也是对民众进行的深刻地消防安全教育。

（2）社会生活类。

①固定早晚问候，增强存在感。早晚问候类微博在社会生活信息中比重较大，占比 5.4%，共有 265 条相关信息。通过对微博内容的分析可知，消防政务微博发布的社会生活内容种类多样，以 @ 中国消防为例，每天的固定互动话题包括：早上发布的 # 起床号 #，中午发布的“厨房用火不离人，你中午吃的啥”，晚上发布的 # 熄灯号 # 等。这些早晚问候的话题是微博中较为吸引用户注意力的部分，为粉丝个人提供了表达的平台。通过日常话题的互动，为粉丝与政务微博提供了增进了解的机会。

②行业资讯推送，加深民众了解。行业动态类信息共有公共服务类信息中的行业动态主要指与应急救援、民众日常生活息息相关的资讯，在社会生活类信息中占比 3.6%。通过对微博内容的分析，可以发现这类信息大多以“文本 + 图片”的形式发布，言语简洁，@ 中国消防曾发布的举办首届‘火焰蓝’救援技能比武等信息，以及相关新闻发布会资讯等，行业动态类信息并不属于消防职能领域，该类信息的发布，主要目的在于增进网友对消防救援机构的了解。

③线上微博辟谣，净化网络环境。互联网在方便网友沟通交流、表达意见的同时，也存在着散播谣言的不良现象。谣言一经产生便会对人

们的社会生活产生极大的危害，尽管众多学者对于谣言的定义莫衷一是，但一般都强调其“未经证实”的特性。辟谣是对舆论净化的一种尝试，有利于推动民众的理性表达和有序参与，具有正面意义。网络谣言一旦传出，普通网民很难辨别，并可能将其作为判断事实的依据，网络谣言的传播对社会治理造成了一定阻碍。政务微博作为政府机构公开发布信息，引导舆论的重要方式，具有澄清谣言，以正视听的责任。但是，在收集的 4 905 条微博信息中，仅有 98 条属于微博辟谣的范畴，数量相对较少。通过对相关样本的整理，可以发现，一些消防政务微博在日常工作中，自觉履行了微博线上辟谣的职能。2019 年 3 月 24 日，@ 江苏消防针对网友造谣称消防员在救援活动中牺牲的不实言论进行线上辟谣，并告诫网友网络空间不是法外之地，故意歪曲事实散布谣言是违法犯罪行为。

政务微博通过辟谣平台将特定微博标记为谣言，并同步发布辟谣信息，网友可直接了解谣言内容，更好地了解真相。自此，政务微博不再只是提供消息来源的角色，而是以更直接、更负责的姿态进入到平台内容治理中，可以最低程度减轻谣言对事实的伤害。

（3）公共关系类。

①转发、回复网友提问，鼓励受众参与。公共关系类内容与粉丝日常活动接近，易于拉近彼此距离，引发共鸣。轻松、诙谐的互动话题消除了政务微博与年轻粉丝之间的隔阂，高频率的粉丝互动让受众更有参与感和获得感。转发、回复网友提问类微博共有 647 条，在总发布微博内容中占比 13.2%。消防政务微博转发、回复网友提问主要分为两种形式，一种是回复网友私信，部分网友将与消防相关的问题以私信的方式发给消防政务微博，并获得解答。另一种是网友通过“@”的方式，引起消防政务微博的关注，并得到答疑解惑。

②举行微博抽奖活动，建立情感联结。微博抽奖作为一种营销手段，是深化微博博主与粉丝联系的重要途径，通过对样本的整理可以发现，

相对而言，微博抽奖类内容数量较少，在总样本量中仅为54条，占比1.1%，消防政务微博利用微博抽奖，旨在鼓励粉丝通过转发、评论等方式，增加账号知名度，增强与粉丝之间的情感联结。

例如，@柳州消防于2019年3月29日发布的粉丝抽奖活动：

“【抽奖福利】#壮族三月三电商节#已经开幕了，你准备好赏龙城紫荆花，品正宗螺蛳粉了吗？自驾旅游车上记得配备灭火器、注意消防安全……言归正传，关注我转发此微博@三位朋友并点赞即可参与抽奖！4月5日开奖，奖品10箱柳州螺蛳粉！@微博抽奖平台。”

该条微博共获得3 602个赞，@柳州消防利用微博抽奖活动，结合柳州当地举行的壮族三月三电商节，为获奖粉丝送去柳州特色小吃螺蛳粉，增强了粉丝黏性，拉近了与粉丝的距离，从而增加了粉丝关注、转发微博的数量，提升了官方账号影响力，同时为柳州市城市形象宣传做出了贡献。

二、消防政务微博传播效果

（一）认知效果层面

1.“直播式”执法，引发网民关注

消防政务微博具有安全监督的职责，采用线上监督联合线下整改的方式，实现了跨区域的协同治理，消防政务微博的“直播式办公”吸引了粉丝的广泛关注。

以2019年1月5日发生的“仙女宿舍覆灭记”为例，@中国消防在第一时间针对该视频发布微博表示质疑，并@江西消防通知到@江西师范大学现场核查。5min后，@江西消防政务微博转发给博文并@南昌市消防支队（后更名为南昌消防）到现场进行核查。20：55，@南昌市消防支队发布微博：“@江西师范大学回复：已经就地拆除，整改到

位。@ 中国消防 @ 江西消防。”在短短 85min 内，@ 中国消防、@ 江西消防、@ 南昌市消防支队三级消防政务微博以“微博直播”的方式，进行了跨区域、跨层级的协同治理。

“直播式”执法之所以引起网友热议，不仅在于网友们通过政务微博，以“微博在线直播”的形式体会到了消防机构高效率的工作风格，更因为政务微博揭开了过往在网民眼中较为神秘的政府部门工作流程。

根据加拿大社会学家戈夫曼提出的拟剧理论，他把生活比作是一个舞台，人们在社会生活中的行为可视作一种表演，演员在前台进行表演，呈现表演中的角色，当演出结束，演员回到后台才显现出自我的真实面目，用于分隔舞台和后台的屏幕把表演展示的世界和真实的世界隔离开，同样把观众和演员分开。根据表演的目的不同，戈夫曼提出了“神秘的表演”的概念，即指个体在表演中突出某些事情，同时又隐瞒一些事情，保持一定的距离，对表演者神秘的状态产生敬畏感。

按照拟剧理论的观点，过去，人们由于不了解，会对消防部门处理日常工作的方式感到神秘，消防政务微博的出现冲破了前台和后台的界限，网民可以通过政务微博发布的信息，了解消防机构的办事流程，同时，消防部门为了打消与民众间的距离，主动向网友展示后台生活，将消防工作生活的“后台”进行一定的加工制作呈现在观众面前。前台和后台界限的模糊，一方面满足了受众的好奇心，另一方面也增加了后台内容的真实性。

2. 信息多级传播，覆盖人群广泛

在“仙女宿舍覆灭记”中，呈现出微博信息的多级传播特点，当 @ 中国消防针对女研究生宿舍违规装饰问题发布第一条微博时，最先接收到该条微博信息的多为 @ 中国消防的粉丝群体，随后，第一批受到影响的网民对该事件发表个人观点，并进行微博转发，微博在承载第一次传播内容的基础上开始进行了第二级的传播，随着 # 仙女宿舍覆灭记专门话题的建立，越来越多的网民参与该事件的传播过程，进而形成更多级

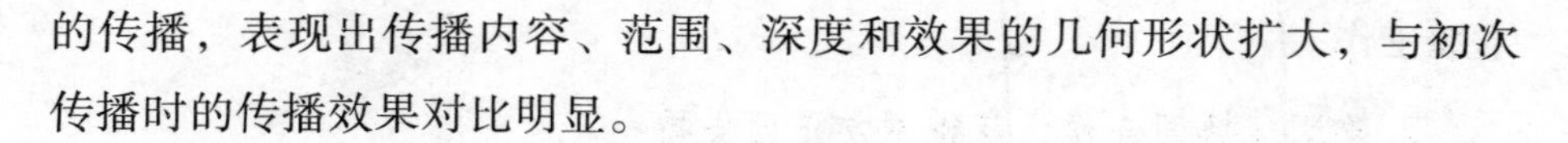

的传播，表现出传播内容、范围、深度和效果的几何形状扩大，与初次传播时的传播效果对比明显。

（二）态度效果层面

1. 消防官博“人格化”，引发粉丝情感共鸣

消防政务微博的“人格化”是指官博所关注的话题、传播的形式，以及表达的观点都与传播者的人格紧密相关，“人格化”传播的目的是塑造消防政务微博的公众形象。对消防政务微博进行“人格化”操作不仅能拉近与受众的距离，还能让网民对消防员群体产生亲切感。

作为消防行业对外展示的窗口，消防政务微博的“人格化”主要体现在：第一，语言风格真诚可亲，轻松幽默。在人称上，多数消防政务微博都有自己的专属昵称，@中国消防自称“阿消”，@河南消防自称“小河”，@武汉消防自称“阿武”，政务微博在发布信息时常以昵称指代自己，同时，@武汉消防和@柳州消防在昵称“阿武”“阿柳”中各取一个字，组建超话#武柳小剧场#，增强官博与粉丝、粉丝与粉丝之间的互动关系。第二，发布内容细致入微，丰富人物形象。@中国消防曾发布微博“消防水带做的‘生日蛋糕’你见过吗？”，讲述新疆地区消防员肖某因训练错过生日，却收获战友们用蜡烛配消防水带做成的蛋糕，从小处着手，展示出消防队伍的战友情和消防员们希望出警平安归来的愿望。此外，消防政务微博创建话题#消防蓝朋友#，以“蓝朋友”指代消防员，在话题中多发布消防指战员的工作、生活状态等，增进粉丝对消防部门的了解。

消防政务微博的拟人化形象有助于消除与民众之间的距离感，更容易让受众产生共情心理，实现政务微博与粉丝之间的思想共通，但是，政务微博在与民众的互动中，应坚持适度原则，不能一味迎合受众口味，过度娱乐化。消防政务微博在运营中需要明确，政务微博的第一要务是“政”事，引导舆论导向、发布权威信息、坚持为民服务是政务新媒体的

本职工作。

2. 跨区域协同合作，获得网友正面支持

消防政务微博自创设以来，逐渐成为各地区消防部门进行宣传教育、提升网络服务的重要阵地。众多消防政务微博打破时空地域的限制，在微博平台实现了即时互动交流，形成消防行业微博矩阵，进入@中国消防微博主页，可发现其“矩阵成员账号”列表中包含@北京消防、@湖南消防、@河北消防、@河南消防等31个省级消防总队（香港、澳门、台湾地区未包含）的官方微博账号。

通过对研究样本的梳理可以发现，消防政务微博善于利用协同合作的方式实现治理目标。在“仙女宿舍覆灭记”中，@中国消防主动在微博中暴露学校消防监管问题，并@江西消防等单位进行现场核查整改，案例中，@中国消防、@江西消防、@南昌市消防支队及@江西师范大学，四家单位通过跨区域、跨层级、跨部门的协同治理，对存在消防安全隐患的学生宿舍进行整改，高效率的办事流程引发网友“线上办公真好”“可以的，办公新渠道”等正面评价。

（三）行为效果层面

1. 转发评论微博，民众参与话题互动

人人可以参与是微博盛行的关键，网民们可以聚焦于某个话题，“七嘴八舌”展开讨论。消防政务微博在尊重网民意见的基础上，积极地与粉丝互动交流，回复网友留言、私信等，使网民获得参与感。当网民对消防政务微博发布的相关话题产生兴趣，会以评论、转发等形式表达看法。

在传统媒体时期，当热点事件发生后，政府部门、媒体单位掌握较大的话语影响力，多通过单向渠道向民众传递信息。由于微博空间的开放性，民众参与评论、阐明观点的门槛相对较低，在微博上表达主张不需要具备专业的知识素养，也不需要字句斟酌地撰写评论，网友可以根

据热点事件发表个人评论，形成“你来我往大家畅所欲言”的热闹局面。普通网民的大量发言，意味着越来越多的民众主动地与政务微博进行互动、沟通，这是公众话语权意识增强的体现。在微博帖文下方的评论区里，网民不仅可以和政务微博进行直接交流，同样可以对其他微博用户的观点进行评价，在事实上扩大了事件的社会影响力，表现出民众自觉参与社会治理的良好态势。

2. 线上线下发力，提高消防安全素质

消防安全素质是指人们理解、掌握、运用消防法规、消防知识的综合能力，包括从由认知、态度改变而形成的行为方式的转变。对民众进行消防安全教育是消防机构的重要职责，同时也是消防政务微博议题设置所包含的重要内容。从广义程度来看，对网民进行消防安全教育，提升消防安全素质是消防政务微博运营宣传的核心目标。

通过对消防政务微博发布内容的研究可以了解到，消防政务微博在进行消防知识宣传时采用线上、线下结合的方式。线上活动包括：第一，建立微博超话，如 # 消防云课堂 #、# 蓝朋友的警告 # 等，通过表 9-5 可知，# 消防云课堂 # 话题阅读量达 7.4 亿，讨论量达 50.8 万，# 蓝朋友的警告 # 话题阅读量达 8.1 亿，讨论量为 75.3 万；第二，组建消防微博粉丝群，消防政务微博纷纷建立本地区的微博粉丝群，运营人员在群内通过直播、交流、私信等方式对网友进行消防安全普及教育。

表 9-5　消防微博超话信息

微博超话名称	阅读量 / 亿	讨论量 / 万
# 消防云课堂 #	7.4	50.8
# 消防蓝朋友 #	8.1	75.3

消防政务微博联合所在消防机构开展线下微博粉丝专项活动，@ 中国消防、@ 南京消防、@ 江苏消防等多地消防政务微博纷纷举行线下参

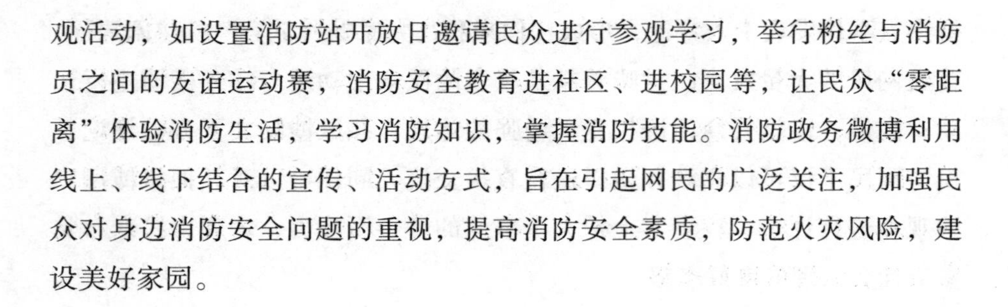

观活动，如设置消防站开放日邀请民众进行参观学习，举行粉丝与消防员之间的友谊运动赛，消防安全教育进社区、进校园等，让民众“零距离”体验消防生活，学习消防知识，掌握消防技能。消防政务微博利用线上、线下结合的宣传、活动方式，旨在引起网民的广泛关注，加强民众对身边消防安全问题的重视，提高消防安全素质，防范火灾风险，建设美好家园。

三、消防政务微博在社会治理实践中的启示

（一）治理内容：立足基本职能，聚焦消防议题

协同治理强调在政府部门的主导下，鼓励社会多元主体参与对社会事务的处理，坚持公共利益至上的原则，以与民众生活密切相关的公共事务作为社会治理的具体内容。消防政务微博作为行业微博，其传播的内容并不仅仅包含消防行业，相反，对于社会生活也同样关注。消防政务微博运用真诚、亲切的语言风格，发布与民众生活相关的信息，使消防宣传富有生活色彩，充满生活气息。贴近生活、贴近实际是互联网时代背景下，政府部门对宣传工作提出的具体要求。对于消防部门而言，通过消防政务微博，尊重网友，及时回复网友提问，实现与民众的良好沟通是消防机构在创新社会治理模式中的具体实践。

结合消防部门灭火、防火、抢险救援、消防科普的基本职能，以及消防政务微博的基本定位，消防官博主动进行议题设置，在特殊的时间节点或者在突发事件、事故灾害发生后，推出讨论话题，聚焦受众的注意力，引起网民的情感共鸣。同时，消防政务微博所设置的议题还包括结合消防员自身经历讲好消防故事。例如，@中国消防发布的#消防员用钢丝球洗澡#，从消防员个人参加救援任务的经历出发，以视频的形式，让消防员讲述自己的故事，极易引发受众情感共鸣。

（二）治理主体：尊重网民意见，鼓励民众参与

随着党委领导、政府负责、社会协同、公众参与、法治保障的社会治理体制的逐步完善，民众参与社会治理的能力日益受到重视。依据社会治理的相关观点，民众是社会治理的重要力量，民众的积极参与在现代社会治理格局中占据重要位置，人人参与，人人尽责是实现人民安居乐业、社会安定有序的方法和路径。协同治理理论强调在社会治理中存在多元治理主体，在政府主导的前提下，鼓励民众积极参与社会治理实践。

微博空间中，消防机构在社会治理过程中的治理主体主要分为消防政务微博及网民群体两部分。就消防政务微博而言，全国消防政务微博均处于 @ 中国消防统一领导下，其组织结构的形成依托于现实中各级消防机构间的层级制关系，但是，基于网络空间的传播特性，各个消防政务微博账号间又具有平等的特点，不仅 @ 上海消防可以关注 @ 中国消防，@ 金山消防同样可以关注 @ 中国消防，打破了狭隘科层制的限制，实现了网络式的沟通联系特点，各级消防政务微博之间的相互关注，实际上使得消防政务微博形成了群体式的网络结构，在江西女大学生宿舍事件中，三级消防政务微博通过横向、纵向的联合，形成了全方位、立体化地传播网络，借助热点事件，从消防的专业角度进行权威解读和科学普及，对消防政务微博的综合影响力进行了有效提升。

网民群体作为社会治理实践的参与主体表现在，民众利用政务微博表达观点、意见，以网络舆论的力量影响社会治理的内容及进程，并依法对政府部门的办事流程、工作方式等进行监督，行使当家做主的权利。政务微博是民众参与社会治理的有效渠道之一，通过对网友评论意见的浏览、整理，对网友问题的回复、解答、倾听、收集民众意见，了解网民诉求，鼓励民众积极参与社会治理。倾听民众意见观点，鼓励民众积极表达，是政府职能部门对人民负责的重要表现，有助于引导民众积极参与社会治理。

（三）治理方式：搭建传播矩阵，实现协同治理

自2010年第一个消防政务微博成立以来，经过不断发展，消防政务微博逐渐形成了由点到面的发展态势，消防政务微博矩阵的出现标志着消防政务微博发展进入了新的阶段，联动能力进一步提升，为各级消防组织的线上线下联合行动提供可能，线上受理线下处理已渐成常态。“矩阵”是一个数学概念，最早由美国学者威廉·大内将其引入管理学中。在我国，侯锷在其著作《问政银川：“互联网+社会治理”方法论》中最早提出“微博矩阵”的概念，并进一步发展为“政务微博矩阵”理论体系，作者指出基于政务微博矩阵的社会化政务，是实现“互联网+社会治理”的最理想方式，政务微博矩阵的形成是以人民为主体，服务社会民生为宗旨，有利于实现联动协同，提升人民满意度。

消防微博组织大致可分为三级：第一级矩阵成员仅有一个，即@中国消防，作为消防救援局官方微博，@中国消防在整个微博矩阵中处于领导核心地位，影响着消防政务微博矩阵的整体发展；第二级矩阵成员主要是省、自治区、直辖市（香港、澳门、台湾地区未包含）的消防总队开设的政务微博，包括@北京消防、@江苏消防、@内蒙古消防、@上海消防、@重庆消防等；第三级矩阵成员主要由基层消防大队、消防中队开设的消防政务微博组成，如图9-1所示。

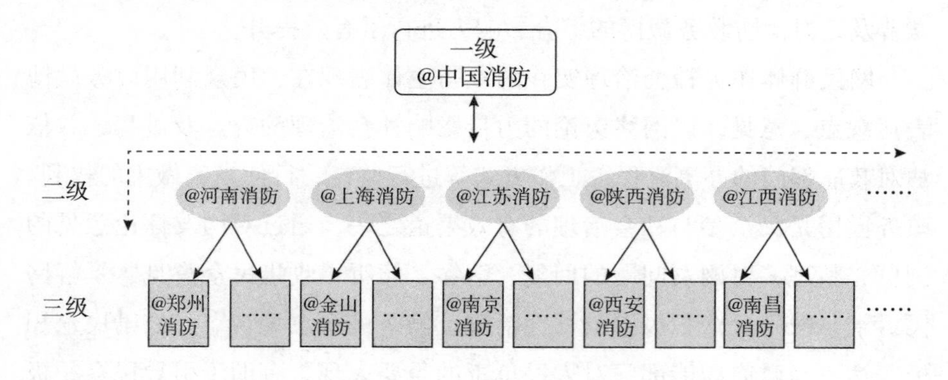

图9-1　消防政务微博矩阵示意图

政务微博的发展水平参差不齐，在对政务微博的运营过程中应注意“木桶效应”，重视对圈群中最薄弱的“短板”的运营能力的提升。尤其是行业类政务微博，可采用微博矩阵建设的方式进行发展，形成社会治理合力，实现协同发展，提升整体影响力。当前，消防政务微博中成员之间的影响力差异较大，部分基层消防机构所开设的政务微博在整个圈群中处于边缘区域且在微博运营过程中欠缺活力，与外部成员之间的缺乏协同合作，未来的消防政务微博建设中需强化成员之间的沟通、交流，实现信息的双向流动，缩小边缘区域与核心区域之间的差距，致力于实现政务微博的协同发展。

（四）治理手段：强化服务功能，提高服务质量

随着互联网+政务的理念逐渐得以推广，政务微博成为传播发展的时代产物，从中央到地方，政务微博不断增长。从社会治理角度来看，政务微博作为社会治理体系的参与者，通过向民众提供优质内容，专注于成为综合性的信息服务平台。一直以来，政务微博在信息公开、宣传教育、官民互动等领域成绩斐然，随着社会治理的不断完善，如何强化政务微博的服务职能，提高政府部门的社会治理能力，成为相关部门需要思考的问题。

消防政务微博的服务功能主要体现在以下几点：第一，线上监督执法，整改消防隐患。作为消防机构的官方“发言人”，消防政务微博的线上监督执法素材主要来源于网友的在线举报等方式，消防政务微博通过线上监督联合线下行动的方式，依法履行监督职能，体现了政务微博尽职尽责的工作态度，高效率的执行力。第二，官方微博辟谣，净化网络环境。政务微博通过辟谣平台将特定微博标记为谣言，并同步发布辟谣信息，网友可直接了解谣言内容，更好地了解真相。政务微博不再只是提供消息来源的角色，而是以更直接、更负责的姿态进入到平台内容治理中，可以最低程度减轻谣言对事实的伤害。第三，面对问题及时发

声，正确引导舆论。作政务微博不仅是新媒体时代的信息发布平台，同时也是对网络舆情进行收集、研判和回应的有效途径，消防政务微博密切关注舆情民意，及时获取外界讯息，尤其是互联网世界中对消防机构工作的疑虑、误解，甚至是谣言，并做到敢于回应、及时发声、真诚表达，用事实说话，消除外界猜疑，真正起到正面引导的作用。

第三节　利用抖音平台创新消防宣传

一、抖音与政务抖音概述

（一）抖音

1. 抖音的定义

抖音是一款融合视频拍摄、剪辑、配乐、上传和分享一体化的应用工具。作为一个热门的音乐社交短视频平台，用户可以尽情表达自我，记录分享美好生活。抖音短视频作品类型丰富，涵盖宠物、美食美妆、音乐舞蹈、旅游文化、警察军人等内容。集中发布某一类内容的抖音账号，被打上独具特色标签。

2. 抖音的特点

（1）信息生产“去专业化”。UGC（user generated content）即用户生产内容。这一概念最早出现在互联网领域，指用户将自己原创的内容通过互联网平台进行展示并提供给其他用户。抖音 APP 的交互设计十分简便，用户只需要一部智能手机，就可以完成一个短视频的拍摄、剪辑和配乐。平台上同时提供“一键式”插入的滤镜和特效，打破了传统依赖专业机器拍摄，电脑剪辑的复杂操作，大大降低了视频制作的门槛，用户实现了从信息接收者向传播者身份的转化。同时，为了培养用户的使用习惯和兴趣，抖音联合达人推出了歌曲、舞蹈、段子的视频模板，普通用户可以一键获取该视频的声音或特效，加以自己的肢体动作或面部特征，大大激发了普通用户的参与积极性。

（2）信息内容“去中心化”。抖音短视频契合当下移动设备使用者“碎片化”的阅读习惯，一般视频长度为 6 ～ 15s，和微博创始之初 140 字的限制初衷类似。基于移动端传播的短视频内容在制作时，不必遵守传统的视频语言叙事框架，不需要前因后果，甚至可以没有主题，只是表达一种情绪，展示一个场景，因此有些视频火得让人觉得“莫名其妙”。当用户长期规律的输出视频为主页账号带来流量，被算法判定为优质账号后，平台会为账号开启 1min 的长视频发布权限。由此可以看出，Web2.0 时代的网络传播已经进入“个人门户”时代，想在短视频平台积累流量，必须要有持续的内容输出、广泛的推广渠道以及和网民良性的互动关系。所有传播者处于一个相对平等的地位，他们在现实生活中的种种身份和权力在网络上并不能直接产生影响力，“权力”赋予被打破，即使是传统大众媒体时代中拥有专业传播工具的媒体，如果无法适应网络传播的规律，一样很难扩大自己的传播力。相反，普通网民传播内容贴近生活，又善于建立与网友的人际关系，相比官方账号更能够通过自己的作品形成一个小范围的传播中心，在短视频平台建立关系网络，提升自己的传播力。

（3）算法标签化人群进行信息分发。内容的算法推荐技术是目前开放式社交软件竞争的核心要素之一，也是在“去中心化”的环境下让优质视频脱颖而出的关键所在。在目前已知的资料中，抖音采用的是流量池分层推荐的算法。每位用户的每条视频，在发布后都可以进入到初级流量池当中，系统会随机推荐给小部分用户，当这条视频累计认可度达到一定数值后，进入下一流量池被推荐给更多的用户，以此类推；如果在某一层级没有达到相应流量，则不再推荐。同时，每条抖音视频发布的同时，后台会通过机器或人工审核的方式为视频分类标签，在流量池的推荐中，也会优先推荐给具有匹配标签的用户。通过连续的短视频加载，每位用户都在被算法识别，被附着标签，内容标签和用户标签的匹配和组合，大大提高了受众信息获取的效率，让抖音用相对有限的优质内容满足无限的用户体验。

（二）政务抖音

1. 政务抖音的定义

“政务抖音”和“政务微信”“政务微博”一样，是中国政治语境下的词汇，最初出现在抖音宣布与政府合作的新闻稿中。

目前学界对于政务抖音的概念阐释并不算丰富，且尚未形成统一的定论，不同学者都试图从不同角度对政务的概念进行界定。姜景、王文韬认为，政务抖音的定义是党政机关在抖音平台开通的、并经过抖音平台实名认证后，发布政务信息和政策宣讲，推进政务人员与群众的互相融入感，更有利于政务为广大群众更好地提供服务的短视频抖音账号。[①] 陈世华、刘静将政务短视频的概念界定为时长1min以内、以政治机构为内容传播主体、以新媒体平台上为媒介、以解决群众问题、疏通政民服务通道为宗旨的政务新媒体形式。[②] 杜乐韵将“政务抖音”定义为政务部门在抖音平台开设且经抖音官方认证的抖音账号，并发布短视频作品进行舆论宣传、传递官方声音、发布新闻资讯、记录政务人员工作事宜及生活趣闻等。[③] 综合分析相关文献并结合学者的界定，本研究认为政务抖音的定义是各级行政机关、承担行政职能的事业单位以及带有官方属性的新闻机构，经过平台实名认证后开通的具有向用户群体就职责范围内

① 姜景，王文韬．面向突发公共事件舆情的政务抖音研究：兼与政务微博的比较[J].情报杂志，2020，39（1）：100-106，114.

② 陈世华，刘静．政务短视频的价值与践行：基于行政合理性原则[J].浙江学刊，2019（6）：69-75.

③ 杜乐韵．政务抖音的互动传播研究[D].广东：广州大学，2019.

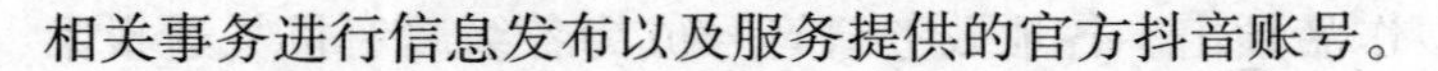

相关事务进行信息发布以及服务提供的官方抖音账号。

2. 政务抖音的产生背景

移动短视频最初发源于美国，国内4G网络技术在2013年布局完成后，用户规模不断扩大，用户使用移动网络的成本也越来越低，为短视频内容的生产和消费提供了技术保障。中国互联网络信息中心（CNNIC）2022年8月31日在京发布第50次《中国互联网络发展状况统计报告》。报告显示，截至2022年6月，我国网民规模为10.51亿，较2021年12月新增网民1919万，互联网普及率达74.4%。网民人均每周上网时长为29.5h，使用手机上网的比例达99.6%。网络时代信息流通的速度加快，随之带来的是人们生活方式的改变，用户的时间是零碎的，上网行为也零碎，很难花上一段完整的时间去阅读一篇文章、观看一档节目。在信息爆炸的时代，人们的感官不断被激发，文字和图片承载的信息量有限，表现出越来越多的不足，当集结了文字、图片、声音在一起的移动短视频出现后，立刻成为人们获取信息和娱乐的首选。2013—2014年，新浪、腾讯和阿里巴巴先后推出短视频应用“秒拍”“微视”和“来往”,2015年，美图公司旗下的美拍上线。这些短视频应用在上线初期引发关注，但后期用户量流失较多。字节跳动发布的“抖音短视频”（下简称“抖音”）自2016年9月上线以来，一路猛追，观研数据中心整理，2022年4月，抖音月活跃用户数达6.8亿；快手月活跃用户数达4亿，稳居头部地位，与其他平台比具有较为明显的优势，现已发展成为国内短视频领域用户最多、活跃度最高的应用软件。

3. 政务抖音的发展历程

抖音是一款于2016年9月正式上线的音乐创意类主题短视频APP。在众多短视频平台中，抖音显得别具一格，抖音短视频播放量也逐渐超过微博。在短视频如此火爆的环境下，政务短视频也紧跟时代的潮流，越来越多的政府部门进驻短视频平台，一时间政务短视频的内容呈井喷式发展，“爆款”作品频出。各地政务抖音号成为各级政府机关通报案情、展示文物、宣传旅游景点、提升城市形象的重要平台。

共青团中央和中央政法委官网（中国长安网）于2018年3月最早入驻抖音平台，截至2022年10月中央政法委官方抖音号中国长安网拥有3 535.7万粉丝，晋级抖音超级网红。一向严肃的政务机构以卖萌的方式展现在公众面前，开启了政务短视频的先河。

自2018年5月起，西安市与抖音开启密切合作。如今，西安已有多个市政府机构开通了政务抖音账号，如“平安西安”“西安高新”等，在抖音上搭建起完整的短视频政务矩阵，西安也因此被网民称为“抖音之城”。

同时，由于短视频低门槛的特征，政务机构在短视频平台上发起倡议也变得十分容易。2018年5月4日中央政法委官方新闻网站中国长安网与抖音联合发起挑战“梦想，来真的！”活动上，截至2022年10月该话题播放量达到23.4亿。不少网友留言：参与挑战又重温了曾经逐梦、圆梦的经历，生生感动了自己。

除此之外，政务短视频还给政务的执行带去了便利。重庆市九龙坡区公安分局全面开展扫黑除恶专项宣传活动，在抖音平台上发布扫黑除恶文字混排视频，引来向公安机关举报涉黑涉恶线索的两名举报人已分别领到10万元奖励。

抖音短视频在北京举办政务媒体抖音号大会，联合包括生态环境部、国家卫生健康委员会、国资委、中国铁路总公司、新华网、央视国际频道、国际在线等在内的11家政府、媒体机构，正式发布政务媒体抖音账号成长计划。在大会上，抖音相关负责人表示，将通过专业培训、制作升级等措施帮助政务新媒体快速成长。在短视频高速发展，尤其是国家网信办等相关部门大力推动网络短视频优质精品内容生产，开展一系列正能量传播活动的时代大背景下，上述措施将帮助已经成为政务新媒体传播不可忽视的新平台的抖音短视频发挥更大的作用。另外还有数百家

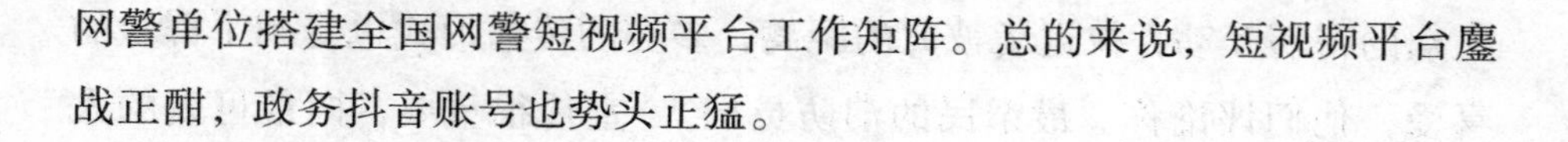

网警单位搭建全国网警短视频平台工作矩阵。总的来说，短视频平台鏖战正酣，政务抖音账号也势头正猛。

二、消防政务抖音的宣传内容与形式

在媒体融合的背景下，各类消防政务号通过短视频这一方式开启了和网民直接交流互动的传播局面，与以往发布文字信息的传统媒体相比，新兴媒体在内容产出和表现形式上更注重故事性和氛围的营造。在传播内容上，紧抓时事热点，与大众产生共鸣。

例如，因河南遭遇洪灾，国货品牌鸿星尔克捐出了价值 5 000 万的物资，并在一夜之间火遍抖音。许多抖音用户为了支持良心国货企业，都纷纷去直播间下单购买鞋子、衣服等，鸿星尔克产品销售额在三天内就超过了 1 亿元，广大民众一举将一个濒临倒闭的国产运动服饰品牌拯救了回来，使其重新成为大众关注的焦点。

2021 年 7 月 28 日，乌鲁木齐市消防救援支队政务号紧跟热点，前后发布了三条相关视频。在视频中，乌鲁木齐市消防救援支队的消防队员们也去鸿星尔克购买鞋子，并借此向广大群众科普了洪涝灾害、夏季消防安全知识。因为紧跟实时热点，这几条视频获得了群众的喜爱，一夜间获得了 29.8 万次赞。除此之外，抖音上流行的“陶白白星座运势”“袋鼠摇手舞”“卡点换衣”等抖音热点也被各类消防政务号运用，娱乐民众的同时也传达了消防知识。

在传播形式上，各类消防政务号为增强视频的冲击力，发布了知识科普类、剧情类、日常分享类、形象宣传类、音乐卡点类等多种视频，借助较为丰富的传播形式提高了传播效果，如新疆消防救援支队在账号里分出了三个板块，分别是“消防队的欢乐时光”“一本正经的消防知识”“食堂大姐的日常”。每个版块里的作品的拍摄、剪辑、配乐等都不相同，受众接收的不再是单一严肃的消防知识，进一步促进了消防员和大众的密切互动，拉近了彼此的距离，多样的传播形式也受到了群众的喜爱，他们评论称“最亲民的消防员们”“宣传很重要，向最可爱的人致敬”。

融媒体时代，面对目不暇接的海量信息，受众获取知识的方式和态度正在发生深刻的变化，将政务工作与新兴媒体融合发展，创新了政务信息的传播方式，拓宽了政务信息的传播渠道，提高了政务信息的传播效果，在更全面服务于群众的同时也让群众对政务产生了参与感。

三、如何打造爆款抖音短视频——以“武汉消防”为例

（一）“武汉消防”抖音账号现状

“武汉消防”抖音账号起步较晚，第一条抖音短视频发布于 2018 年 10 月底。该账号有专人负责运营，日常发布实行宣传处长负责制。截至 2022 年 10 月 27 日，“武汉消防”抖音账号共发布短视频作品 619 条，粉丝达到 1 694.8 万。在 619 条短视频当中，其中，《应急突发》合集内容，播放量超过 3.0 亿，创下“武汉消防”抖音账号最高播放记录。

（二）抖音平台的分发机制

谈到如何打造爆款，离不开对抖音平台分发机制的探索。

像微博、微信公众号等平台，用户在关注博主或者公众号之后，便成为该账号的粉丝，该账号发布视频的播放量一定程度上取决于粉丝数量。抖音的分发机制则不同，以往一些人对抖音账号存在一些误解，认为上级账号一定比下级账号影响力高、粉丝多的账号一定比粉丝少的账号视频播放量高，其实并不是这样。流量多少直接取决于视频质量的高低。

在这种核心思想的影响下，流量池式的分发机制应运而生。视频被制作者发出后，抖音会将作品投入一定规模的流量池当中，再根据作品

在流量池中的表现，主要参考指标包括点赞量、评论量、转发量、完整播放率等，通过一定的算法将作品投放进更大规模的流量池中继续传播，高质量的短视频便可以按此规律形成良性循环，迅速成为爆款短视频。

（三）打造短视频的经验

1. 内容为王，优质内容永远不缺读者

不论是纸媒、电视媒体，还是新闻客户端、短视频平台，优质内容永远是吸引读者、提升品牌影响力的根本。作为应急救援主力军，大到火场救援，小到救助小动物，“武汉消防”抖音账号的优势在于——每天都有最新鲜的一手素材。2019 年 8 月 24 日下午，江汉路消防救援站接到报警，一女子坐在钢制座椅休息时，手指被卡钢制小孔无法取出，不少群众围观。消防员赶到现场，经过 2h 处置，最终让女子的手指得以解脱。

该视频原素材总时长约 45min，制作者在浏览素材后发现女子手指被卡之后，不但不紧张，反而和消防员频频互动，十分幽默，最终将该视频定位为有趣、好玩，抛开这本是一场紧急救援不谈，重点抓住被困女子的“幽默金句”，经精心制作，“武汉消防”发布在《应急突发》合集中的“小姐姐也太可爱了，手被卡一番话把消防员逗乐了”抖音短视频，视频全长 21s。这条短视频既满足了观众看热闹的围观心理，还引发了公众对于公共场合座椅是否有设计缺陷的讨论，取得了不错的传播效果。

2. 抢占先机，避免同质内容的竞争

对事实了解的及时性和真实性是新闻报道的根本。政务账号承担着部分信息发布的功能，第一时间发布准确消息，才能在信息的大海中先声夺人，做到“新”必快、“闻”必真。

在抖音平台，提早发布的好处在于提前进入较大的流量池，同时可以避免或者减少同质内容的竞争，更容易成为爆款。2019 年，法国巴黎圣母院发生火灾，全球关注。4月16日6时30分左右，“武汉消防”宣传处干事看到央级媒体发出快讯后，迅速搜集素材制作了《巴黎圣母院失火，塔尖在大火中坍塌》短视频，宣传处长审核把关后，该短视频于早上7时30分发布，相比其他媒体的抖音账号，发布时间足足早了1h。

3. 紧抓热点，与观众产生情感共鸣

社会热点事件，往往也是群众关心的焦点，尤其是一些与本地相关的突发事件，往往能引起群众的普遍关心。法国巴黎圣母院火灾、凉山森林火灾、《烈火英雄》消防主题电影上映以及发生于武汉本地的火灾救援，“武汉消防”宣传处每次都紧抓社会热点事件，及时发布群众关心的权威信息。

《凉山森林大火，有湖北籍消防员不幸牺牲》，2019年4月2日“武汉消防”推送这条抖音短视频，千万人观看，市民纷纷向“逆行者”致敬并表示沉痛哀悼。

4. 密切互动，拉近与观众之间的距离

增加线上互动，随时将最新的抖音短视频推荐到“粉丝微信群”；根据观众的留言，有针对性地选取、改进素材；组织线下活动，零距离探访消防中队，拉近彼此距离，让“武汉消防”抖音号活力无限。

（四）一条高质量短视频的制作流程

1. 素材采集阶段

结合平台特点，选取合适的短视频选取竖屏视频。抖音平台的视频比例是9 ： 16，一般手机竖屏拍摄的视频可以在抖音APP全屏呈现。经过实践，以同一视频为例，竖屏视频的播放量明显要比横屏高得多。

选择画面清晰稳定的视频。政务抖音账号在发布视频时会经过人工审核，视频清晰程度、画面稳定度直接影响视频质量，用户在不清晰视频上的停留时间明显低于清晰视频，而视频完播率较低也不利于在抖音

平台的传播。

选择长度较短的视频，时长建议控制在15s以内；突出主题鲜明、细节刻画准确、无或者少转场画面的真实素材。视频时长较短是人为增加完播率的一种方式，细节刻画准确能很快引发观众共鸣，有助于观众转发和留言评论。

2. 加工制作阶段

大到展现事件全貌，小到凸显细节，这一阶段直接决定视频质量高低，也最能考验视频制作者对视频爆点的理解。

视频剪辑、视觉体验很重要。最常用的做法是“放大画面”，用放大的方式呈现视频关键细节，也可以通过大小画面的切换反复强化。再就是巧用视频特效，无论是手机APP，还是电脑剪辑软件，都内置了不少视频效果，像素分离、画面抖动等都是常见的选择。

音乐奠定基调，音效烘托氛围，听觉冲击也很重要。在制作时短视频时，往往只需要突出一个细节，此时配一首好的背景音乐就够了；制作较长视频时，视频爆点有多个场景，则需要多次用音效强化爆点，维持观众持续观看的兴趣。

文字注解加深情感表达。如果说剪辑、配乐是潜意识里的情感传递，视频中的文字注解则更加直白。政务账号运营者在制作视频时要避免“先入为主”，尽量通过第三人称视角客观表述，对于文字中需要强调的部分，可以通过字体大小、颜色、样式变化来突出。

好标题事半功倍。2020年1月19日，“武汉消防”发布《知道这是在干什么吗？请一位蓝朋友来回答》抖音短视频。这原本是一条消防员点燃杂草后计划清除可燃物制造隔离带、避免森林大火的普通视频，告知观众如何正确处置森林火灾，却意外成了爆款。究其原因是标题立了大功，疑问句的句式没有直接揭开谜底，反而引发了观众的观看兴趣，提升了视频完播率增加了评论量。

四、抖音平台下消防知识宣传——以“天津消防”为例

（一）“天津消防”宣传特征

1.巧借天津特色，进行社会化政务宣传

消防宣传与服务想要深入人心，就要深入社会，关注民生，做服务大众的经常性活动，采取社会化的宣传方式。开学季，“天津消防”走进校园直播，与学生教师开展活动，排查校园安全隐患，科普消防安全知识。利用自身的影响力传播利于社会建设与稳定的内容，既履行政务账号职责，又增进了人民群众对消防的信任和尊敬。

天津方言极具特色，与之相关联的天津快板和相声更是全国闻名。“天津消防”发扬地方特色，在拍摄短视频时使用天津方言进行对话、创作顺口溜、打快板、讲单口相声，广泛宣传消防法律法规、火灾隐患整改、应急救援、灭火逃生自救常识等内容。运用此种幽默接地气的方式科普消防知识，摆脱了灌输式的、低效单一的宣传，更好地将消防安全意识传递到用户的生活中，落到实处，促使人人都开始关心消防，提高安全意识，从源头掐断消防安全隐患。消防文化也以易于接受的途径，潜移默化地传播给用户。

“天津消防”还利用直播，线上线下同步进行社会化消防宣传，“消防员主播”走上街头，在与群众积极互动中，发现消防知识普及的不足之处，及时补充，提高了宣传效率。幽默风趣的天津市民也为直播增添了极强的趣味性，吸引更多的线上民众加入直播间进行互动。在直播过程中，消防员运用天津快板和打油诗进行宣传，增强趣味性，提升吸引力，增加用户的记忆点。直播结束后，后期截取直播中的精彩片段制作短视频进行发布，将直播中积聚的情感能量进一步释放，获得二次讨论，赢得更多关注。“天津消防”在每场直播结束后，都会在简介界面留言：“想看什么？私信我”，充分尊重受众意见，广泛吸纳建议，同时紧紧抓

住社会热点，积极回应群众关切，传播消防安全知识。2021年7月17日，河南省郑州、漯河、开封、新乡等地暴发的持续性强降水天气，引发严重的洪涝灾害，多人死亡、受伤，受灾面积大，引起社会的广泛关注。基于此情况，“天津消防”组织共8场主题直播，围绕暴雨中潜在的危险、遇险如何自救、如何保护自身不受伤等进行科普。

利用“慢直播”，让人民群众全面观察消防员的工作生活，了解消防队伍的职能范围，既能有效消除群众误会，也能增进群众对消防员的尊敬，促进对消防工作的配合。

“慢直播”的镜头无剪辑、无后期制作与加工，原生态展现事物发展，为受众提供真实的“现场感”。“天津消防”在“指挥员”的24小时、最佳“蓝”主播——探索“新兵连”的1天、揭秘蓝朋友的1天、探秘消防“新兵连”的24小时、探秘消防救援站的1天、探秘天津消防“新兵连”的172 800秒、探秘消防“新兵连”的1天、新兵的1天、新指导员的1天、蓝朋友的神秘任务，进行慢直播，把消防队摊开给受众观察，真实、生动，“现场感”极佳。

2. 积极互动，培养“消防意见领袖”

互动仪式链的核心机制是相互关注和情感连带，个体之间通过互动仪式可以形成一种瞬间共有的实在，从而获得与认知符号相关联的成员身份感和情感能量。但互动仪式链不会凭空产生，它依赖于一定数量的人群在特定的空间里进行情感连接与共享，形成共同关注和群体团结，从而推动更大范围或更大规模的交互行动。

“天津消防”通过多种途径鼓励公众参与，邀请粉丝众创，形成完整的互动仪式链。官方积极在视频评论区挑选具有代表性的发言进行回复，粉丝由此在评论区踊跃“求翻”，官方还会在评论区设问，邀请粉丝发言回答，其高度的亲民性有效增强了用户黏性，形成了粉丝与官方的有效情感互动。“天津消防”在一些视频结尾主动邀请粉丝私信投稿，积极迎合粉丝，满足粉丝愿望，还会在短视频界面提供与视频内容相关的选择项，邀请用户选择，以此互动。“天津消防”创建了多个粉丝群，其新发布的视频都会及时分享到各个粉丝群，并主动参与粉丝群的讨论，引导粉丝的言论，营造良好的群体氛围。“天津消防”常自称“天天”，自建人设，将粉丝称作“宝宝”，主动拉近与群众的心理距离，积极与各类媒体受众互动，构建“消防动态全知道、消防知识天天新、消防互动时时有”的消防宣传新局面。

“天津消防”的活跃粉丝主要性别为女性，粉丝主要年龄段为18～24岁，因此其常常派出形象出众、口才良好、表现力强的消防员出镜，着力培养他们成为优质意见领袖。意见领袖的首要作用表现为对先行接收到的大量信息进行加工和解释，而后传递给其他受众或追随者，消防员将自己学习到的大量专业消防知识经过自我消化、加工过后，积极为粉丝答疑解惑，“欧阳”“小孟”“临临”“一凡”成为粉丝集中关注的几位消防员。由于枯燥严肃的消防知识已经无法通过诸如宣传栏的单一方式直接有效地传达给受众，通过受粉丝追捧的消防员生动形象的讲解，高效地传递给粉丝。意见领袖能够对他的追随者或被影响者的态度、行为起到支配、引导作用，消防员努力发挥作为意见领袖的影响力，引导群众学习防灾减灾知识，努力实现共同维护社会稳定，构建平安社会的目标。

“天津消防”还自创文创产品，带有消防文化符号的雨伞、帆布包等，并根据场景需要作为道具“植入”视频中，吸引粉丝眼球，鼓励粉丝参与互动进行赠送。这样的“周边”送得有价值、有意义，创新了消防文化的传播方式，增强粉丝的心理认同与自豪感。

3. 整合各方，进行矩阵化传播

天津市下辖16个区，每个区的消防支队都开通了自己的官方抖音账号。“天津消防”是天津市消防救援总队官方抖音号，坐拥358多万粉丝，各个支队粉丝规模远不及总队，因此各个支队与总队紧密联系，积极互粉互动，每当总队账号发布视频，各支队及时在评论区进行评论或

是转发，各支队与总队形成合力、高效联动吸引更多关注。集群管理的融合式发展有效利用了部分和整体的关系，围绕“天津消防”这个主心骨，各区共同发展，各支队在所辖区域进行政务宣传的同时，也为总队提供精彩可供宣传的视频素材。矩阵化传播帮助“天津消防”扩大声量，圈留住更多粉丝流量。“天津消防”还借鉴其他类型政务账号的表现形式，通过@官方互粉互推，彼此合作，实现双赢。

（二）“天津消防”可改进之处

1. 警惕过度娱乐化

官方做出多种努力拉近与群众的距离，都是为了提升消防宣传的可看性、可读性和可参与性，吸引群众体验、感受消防安全文化，学习和感知消防安全知识。抖音短视频平台是专注年轻人记录美好生活的音乐短视频社区，播放量增长迅速的五大知识类别中，就有消防知识，加上消防类抖音账号的粉丝年龄段多为18～24岁，因此“天津消防”应平衡好娱乐性与严肃性，致力于消防安全知识的传播与普及，积极承担引导教育年轻人的社会责任。

2. 坚持原创，提升创作能力

抖音短视频平台采取的是“模仿拍摄”的模式，把时尚炫酷的音乐特别是原创音乐作为背景，充分利用平台预设的美颜、特效、滤镜等智能识别技术，通过设置的话题挑战让用户模仿制作视频画面，创造具有相似性的短视频内容，使其构成大众文化娱乐的“习惯性”。“天津消防”也模仿许多爆款视频的模式发布了许多视频，但有些内容由于缺乏创新，存在蹭热度不合理的情况，导致视频的流量数据惨淡。“天津消防”虽然创作了许多原创视频，但其中一些却由于新意不足、缺乏精心策划，关注度不高。

通过分析“天津消防”发布的视频发现，救援现场实拍、借鉴当下热点创新制作的视频、趣味拍摄花絮更容易成为点赞量过万的爆款，并且随着抖音短视频平台用户下沉，舆情信息逐步呈现出新兴舆论场的迹象，利用抖音短视频平台对舆情信息的处置与引导具有更高的公开透明度以及更显著的公信力，深入社会，关注民生，做服务大众的经常性活动，采取社会化的宣传方式。“天津消防”善于抓住特殊时间节点进行自我传播，在教师节、中秋节等节日送祝福，并在节日来临之前策划并发布视频进行预热，于节日当天上传更加鲜活的素材。这样的方式在众多的消防类政务账号独树一帜，自然又亲切，更有利于避免产生审美疲劳，进一步增大与同类账号的差异。

在“天津消防”的主页展示了五个原创类系列短视频，“班长和小皮筋”讲述了消防员“小皮筋”和他的班长的趣味日常，透过这些视频，受众可以体会到消防员彼此之间深厚的感情；“火焰小蓝”系列创作了12个情景故事，通过艺术再现，向受众形象地介绍了消防员的不同岗位以及这些岗位相对应的工作内容和责任，这些视频长度通常不超过1min，内容诙谐有趣，清晰简洁地介绍了消防员的工作分工，表现出消防员对自身身份的认可和责任感，获得了可观的点赞量。

参考文献

[1] 马红梅，万修梁 . 消防管理学 [M]. 北京：中国人民公安大学出版社，2003.

[2] 丁小珊，吕毅，赖小路 . 中国城市与社会史专题研究 [M]. 青岛：中国海洋大学出版社，2013.

[3] 周振林 . 实用宣传学 [M]. 哈尔滨：黑龙江人民出版社，1988.

[4] 刘海龙 . 宣传观念话语及其正当化 [M].2 版 . 北京：中国大百科全书出版社，2020.

[5] 毕伟民 .2019 消防全攻略消防基础知识 [M]. 北京：煤炭工业出版社，2019.

[6] 姜星 . 补齐基础短板强化责任落实：以《消防法》执法检查为契机提升消防治理体系和治理能力现代化 [J]. 中国应急管理，2021（12）：36–39.

[7] 史平松 . 消防宣传效果探讨 [J]. 消防科学与技术，2013，32（4）：452–454.

[8] 侯光明 . 论中国微电影大时代的到来及其发展路径 [J]. 当代电影，2013（11）：102–105.

[9] 王一川，胡克，吴冠平，等 . 名人微电影美学特征及微电影发展之路 [J]. 当代电影，2012（6）：102–106.

[10] 曾兴冰．民警自导消防“微电影”[J]. 中国消防，2012（15）：43.
[11] 崔学敬．党校系统在微博阵地集体失声的原因和对策 [J]. 中共贵州省委党校学报，2012（2）：103−105.
[12] 张志安，曹艳辉．政务微博和政务微信：传承与协同 [J]. 新闻与写作，2014（12）：57−60.
[13] 姜景，王文韬．面向突发公共事件舆情的政务抖音研究：兼与政务微博的比较 [J]. 情报杂志，2020，39（1）：100−106，114.
[14] 陈世华，刘静．政务短视频的价值与践行：基于行政合理性原则 [J]. 浙江学刊，2019（6）：69−75.
[15] 杜乐韵．政务抖音的互动传播研究 [D]. 广东：广州大学，2019.
[16] 刘永亮．探究消防监督工作中执行消防技术规范的问题 [J]. 科技资讯，2022，20（18）：142−145.
[17] 吴娟．新时期如何做好消防宣传工作 [J]. 消防界（电子版），2022，8（17）：38−40.
[18] 田钰佳，高燕．媒介融合背景下政务短视频的传播策略研究：以“中国消防”抖音账号为例 [J]. 山东青年政治学院学报，2022，38（5）：103−109.
[19] 朱培兴，姜剑斌．新时期如何加强和改进消防宣传工作 [J]. 今日消防，2022（8）：142−144.
[20] 韩晖．利用智慧消防提升消防监督工作效率的探讨 [J]. 消防界（电子版），2022（15）：86−88.
[21] 李国锋，张娟钰，郭其云．融媒体时代消防宣传改革研究 [J]. 中国应急救援，2022（4）：37−42.
[22] 张娟．奏响消防宣传新乐章：全国消防宣传“五进”工作综述 [J]. 中国消防，2022（7）：18−23.
[23] 黄家龙．我与消防宣传结缘 [J]. 中国消防，2022（7）：71−72.
[24] 梁观龙．新时代下消防全媒体工作中心建设的困境与对策 [J]. 今日消

防，2022（6）：118-120.

[25] 徐芳芳.新时期消防宣传体系的构建措施思考[J].今日消防，2022（6）：136-138.

[26] 韦功兵，曾阳.消防宣传进校园：守护平安你我“童”在[J].消防界（电子版），2022，8（11）：18.

[27] 张秀玉，徐普查.夏日送清凉：浠水大队开展“六一”儿童节消防宣传活动[J].消防界（电子版），2022，8（11）：19.

[28] 王彩焕.如何做好社区消防工作的“最后一公里”[J].消防界（电子版），2022，8（11）：93-94，97.

[29] 王彩焕.如何开展社区消防宣传教育[J].消防界（电子版），2022，8（10）：121-123.

[30] 喻军.在消防法律法规实施中引入公益诉讼的思考[J].消防界（电子版），2022，8（8）：23-25.

[31] 李杰.消防法律法规溯及力研究[J].消防界（电子版），2022，8（8）：116-117，120.

[32] 周鑫.利用新媒体提升消防宣传工作实效性的思考[J].今日消防，2022（4）：44-46.

[33] 杨薇.从消防法制与法治建设角度谈消防执法规范化问题[J].消防界（电子版），2022，8（3）：38-40.

[34] 李志.《消防安全小明星》（游戏设计）[J].出版发行研究，2022（1）：120.

[35] 胡俊，吴家浩，申世飞，等.消防应急科普场馆中的场景化科普模式研究[J].科普研究，2021（5）：51-102.

[36] 阿地里江，罗小东.融媒体环境下抖音消防政务号传播策略研究：以乌鲁木齐市消防救援支队政务号为例[J].新闻研究导刊，2021（20）：163-165.

[37] 蔡晶菁.新时期消防科研成果科普化实现模式探究[J].科技资讯，2021

（30）：161-163.
[38] 邓莉，付璐 .42 个微型消防站“贴身”守护武汉经开区打造“3 分钟消防圈”[J]. 湖北应急管理，2021（10）：52-53.
[39] 岳尧 .“消防新闻”的共情传播及其价值 [J]. 新闻论坛，2021（4）：79-81.
[40] 邹兰 . 当前消防法制工作中存在的问题及对策 [J]. 消防界（电子版），2021，7（15）：127-128.
[41] 孙良 . 完善消防安全责任法律制度探析 [J]. 法制博览，2021（22）：141-142.
[42] 巴红光，李爽 . 基层消防科普体验馆的建设与运行思路 [J]. 消防界（电子版），2021，7（14）：38，40.
[43] 贾丽云 . 政务新媒体信息发布的呈现方式与传播效果研究：以“山西消防”为例 [J]. 西部广播电视，2021（5）：36-38.
[44] 郭瑾 .“中国消防”抖音号的传播策略分析 [J]. 传媒评论，2021（1）：53-55.
[45] 林志超，郭星煌 . 厦门新鲜事微信报火警 [J]. 消防界（电子版），2020，6（23）：54.
[46] 朴勇彬 . 新媒体时代消防新闻宣传工作的发展路径思考 [J]. 新闻传播，2020（22）：115-116.
[47] 本刊 . 各地消防宣传活动形式多样异彩纷呈 [J]. 消防界（电子版），2020，6（21）：26-29.
[48] 张金，陈健 . 绵阳市有了消防科普教育主题公园 [J]. 消防界（电子版），2020，6（20）：23.
[49] 王佳 . 新媒体时代下消防宣传策略探析 [J]. 今日消防，2020，5（9）：12-13.
[50] 曾瑛之 . 广西桂林：“安全课堂”乐趣多 [J]. 中国消防，2020（9）：35.
[51] 叶文波，周琚琛 . 政务抖音号如何打造爆款短视频：以武汉消防官方

抖音账号为例 [J]. 新闻前哨，2020（8）：15–16.

[52] 唐蕊 . 如何做好新媒体形式下的消防专栏节目 [J]. 传媒论坛，2020(17)：31–32.

[53] 王超群，黄钰琳，张小燕，王心琦 . 消防政务走云端直播宣教获点赞 [J]. 中国应急管理，2020（6）：46–47.

[54] 黄晓红 . 融媒体时代消防新闻宣传创意探析 [J]. 中国报业，2020（7）：92–93.

[55] 韩敏敏 . 微博报道中的消防人员形象研究 [J]. 卫星电视与宽带多媒体，2020（7）：200–201.

[56] 昌开馨 . 加强学生宿舍防火工作刻不容缓 [J]. 消防界（电子版），2020，6（1）：24–25.

[57] 王子奇 . 探索游戏化消防教育软件的设计开发及其应用 [J]. 今日消防，2019（12）：44–46.

[58] 魏庆 . 四川消防科普教育基地“落地生根”[J]. 中国消防，2019（11）：30.

[59] 薛涛 . 消防科普路上的前行者 [J]. 中国消防，2019（2）：36–38.

[60] 黄建华 . 政务新媒体如何提升“网上履职功能”：消防矩阵联动导演“仙女寝室覆灭记”，三级消防官博接力“在线执法”探索政务微博新模式 [J]. 传媒论坛，2019（1）：24–25.

[61] 姜波 . 消防科普教育基地的建设和发展前景 [J]. 消防界（电子版），2018，4（21）：42–43.

[62] 李刚 . 构建新媒体时代的消防新科普 [J]. 中国消防，2018（10）：40–42.

[63] 夏永波 . 智慧型消防科普：让学习消防安全知识充满趣味 [J]. 消防界（电子版），2018，4（19）：34–35.

[64] 肖蓉 .“共享”时代下消防科普宣传的新形态 [J]. 消防界（电子版），2018，4（17）：40–41.

[65] 付海超，石连栓 . 掌上校园消防游戏的设计与开发 [J]. 软件导刊（教育技术），2018（1）：91–93.

[66] 闫龙 . 如何加强新时期消防科普宣传工作 [J]. 科技传播，2017（20）：106-107.
[67] 黄建华，秦方，李帅 . 消防体验寓教于乐 [J]. 中国消防，2017（17）：25-27.
[68] 崔萌萌 . 政务抖音账号“中国消防”的内容生产策略研究 [D]. 北京：中央民族大学，2021.
[69] 郭琳 . 消防宣传教育外包模式发展研究 [D]. 郑州：郑州大学，2017.
[70] 高阳 . 政务新媒体时代下消防宣传策略研究 [D]. 郑州：郑州大学，2016.
[71] 李俊 . 我国消防管理社会化模式的构建 [D]. 荆州：长江大学，2015.
[72] 聂森 . 消防安全信息传播研究 [D]. 长沙：湖南师范大学，2014.

附录 1

附录 1

《中华人民共和国消防法》

根据 2021 年 4 月 29 日第十三届全国人民代表大会常务委员会第二十八次会议《关于修改〈中华人民共和国道路交通安全法〉等八部法律的决定》第二次修正。

目录

第一章　总　则

第一条　为了预防火灾和减少火灾危害，加强应急救援工作，保护人身、财产安全，维护公共安全，制定本法。

第二条　消防工作贯彻预防为主、防消结合的方针，按照政府统一领导、部门依法监管、单位全面负责、公民积极参与的原则，实行消防安全责任制，建立健全社会化的消防工作网络。

第三条　国务院领导全国的消防工作。地方各级人民政府负责本行政区域内的消防工作。

各级人民政府应当将消防工作纳入国民经济和社会发展计划，保障消防工作与经济社会发展相适应。

第四条　国务院应急管理部门对全国的消防工作实施监督管理。县级以上地方人民政府应急管理部门对本行政区域内的消防工作实施监督管理，并由本级人民政府消防救援机构负责实施。军事设施的消防工作，由其主管单位监督管理，消防救援机构协助；矿井地下部分、核电厂、海上石油天然气设施的消防工作，由其主管单位监督管理。

县级以上人民政府其他有关部门在各自的职责范围内，依照本法和其他相关法律、法规的规定做好消防工作。

法律、行政法规对森林、草原的消防工作另有规定的，从其规定。

第五条　任何单位和个人都有维护消防安全、保护消防设施、预防火灾、报告火警的义务。任何单位和成年人都有参加有组织的灭火工作的义务。

第六条　各级人民政府应当组织开展经常性的消防宣传教育，提高公民的消防安全意识。

机关、团体、企业、事业等单位，应当加强对本单位人员的消防宣传教育。

应急管理部门及消防救援机构应当加强消防法律、法规的宣传，并督促、指导、协助有关单位做好消防宣传教育工作。

教育、人力资源行政主管部门和学校、有关职业培训机构应当将消防知识纳入教育、教育、培训的内容。

新闻、广播、电视等有关单位，应当有针对性地面向社会进行消防宣传教育。

工会、共产主义青年团、妇女联合会等团体应当结合各自工作对象的特点，组织开展消防宣传教育。

村民委员会、居民委员会应当协助人民政府以及公安机关、应急管理等部门，加强消防宣传教育。

第七条　国家鼓励、支持消防科学研究和技术创新，推广使用先进的消防和应急救援技术、设备；鼓励、支持社会力量开展消防公益活动。

对在消防工作中有突出贡献的单位和个人，应当按照国家有关规定给予表彰和奖励。

第二章　火灾预防

第八条　地方各级人民政府应当将包括消防安全布局、消防站、消防供水、消防通信、消防车通道、消防装备等内容的消防规划纳入城乡规划，并负责组织实施。

城乡消防安全布局不符合消防安全要求的，应当调整、完善；公共消防设施、消防装备不足或者不适应实际需要的，应当增建、改建、配置或者进行技术改造。

第九条　建设工程的消防设计、施工必须符合国家工程建设消防技术标准。建设、设计、施工、工程监理等单位依法对建设工程的消防设计、施工质量负责。

第十条　对按照国家工程建设消防技术标准需要进行消防设计的建设工程，实行建设工程消防设计审查验收制度。

第十一条　国务院住房和城乡建设主管部门规定的特殊建设工程，建设单位应当将消防设计文件报送住房和城乡建设主管部门审查，住房和城乡建设主管部门依法对审查的结果负责。

前款规定以外的其他建设工程，建设单位申请领取施工许可证或者申请批准开工报告时应当提供满足施工需要的消防设计图纸及技术资料。

第十二条　特殊建设工程未经消防设计审查或者审查不合格的，建设单位、施工单位不得施工；其他建设工程，建设单位未提供满足施工需要的消防设计图纸及技术资料的，有关部门不得发放施工许可证或者批准开工报告。

第十三条　国务院住房和城乡建设主管部门规定应当申请消防验收

的建设工程竣工，建设单位应当向住房和城乡建设主管部门申请消防验收。

前款规定以外的其他建设工程，建设单位在验收后应当报住房和城乡建设主管部门备案，住房和城乡建设主管部门应当进行抽查。

依法应当进行消防验收的建设工程，未经消防验收或者消防验收不合格的，禁止投入使用；其他建设工程经依法抽查不合格的，应当停止使用。

第十四条　建设工程消防设计审查、消防验收、备案和抽查的具体办法，由国务院住房和城乡建设主管部门规定。

第十五条　公众聚集场所投入使用、营业前消防安全检查实行告知承诺管理。公众聚集场所在投入使用、营业前，建设单位或者使用单位应当向场所所在地的县级以上地方人民政府消防救援机构申请消防安全检查，做出场所符合消防技术标准和管理规定的承诺，提交规定的材料，并对其承诺和材料的真实性负责。

消防救援机构对申请人提交的材料进行审查；申请材料齐全、符合法定形式的，应当予以许可。消防救援机构应当根据消防技术标准和管理规定，及时对做出承诺的公众聚集场所进行核查。

申请人选择不采用告知承诺方式办理的，消防救援机构应当自受理申请之日起十个工作日内，根据消防技术标准和管理规定，对该场所进行检查。经检查符合消防安全要求的，应当予以许可。

公众聚集场所未经消防救援机构许可的，不得投入使用、营业。消防安全检查的具体办法，由国务院应急管理部门制定。

第十六条　机关、团体、企业、事业等单位应当履行下列消防安全职责：

（一）落实消防安全责任制，制定本单位的消防安全制度、消防安全操作规程，制定灭火和应急疏散预案；

（二）按照国家标准、行业标准配置消防设施、器材，设置消防安全标志，并定期组织检验、维修，确保完好有效；

（三）对建筑消防设施每年至少进行一次全面检测，确保完好有效，检测记录应当完整准确，存档备查；

（四）保障疏散通道、安全出口、消防车通道畅通，保证防火防烟分区、防火间距符合消防技术标准；

（五）组织防火检查，及时消除火灾隐患；

（六）组织进行有针对性的消防演练；

（七）法律、法规规定的其他消防安全职责。

单位的主要负责人是本单位的消防安全责任人。

第十七条　县级以上地方人民政府消防救援机构应当将发生火灾可能性较大以及发生火灾可能造成重大的人身伤亡或者财产损失的单位，确定为本行政区域内的消防安全重点单位，并由应急管理部门报本级人民政府备案。

消防安全重点单位除应当履行本法第十六条规定的职责外，还应当履行下列消防安全职责：

（一）确定消防安全管理人，组织实施本单位的消防安全管理工作；

（二）建立消防档案，确定消防安全重点部位，设置防火标志，实行严格管理；

（三）实行每日防火巡查，并建立巡查记录；

（四）对职工进行岗前消防安全培训，定期组织消防安全培训和消防演练。

第十八条　同一建筑物由两个以上单位管理或者使用的，应当明确各方的消防安全责任，并确定责任人对共用的疏散通道、安全出口、建筑消防设施和消防车通道进行统一管理。

住宅区的物业服务企业应当对管理区域内的共用消防设施进行维护管理，提供消防安全防范服务。

第十九条　生产、储存、经营易燃易爆危险品的场所不得与居住场所设置在同一建筑物内，并应当与居住场所保持安全距离。

生产、储存、经营其他物品的场所与居住场所设置在同一建筑物内的，应当符合国家工程建设消防技术标准。

第二十条　举办大型群众性活动，承办人应当依法向公安机关申请安全许可，制定灭火和应急疏散预案并组织演练，明确消防安全责任分工，确定消防安全管理人员，保持消防设施和消防器材配置齐全、完好有效，保证疏散通道、安全出口、疏散指示标志、应急照明和消防车通道符合消防技术标准和管理规定。

第二十一条　禁止在具有火灾、爆炸危险的场所吸烟、使用明火。因施工等特殊情况需要使用明火作业的，应当按照规定事先办理审批手续，采取相应的消防安全措施；作业人员应当遵守消防安全规定。

进行电焊、气焊等具有火灾危险作业的人员和自动消防系统的操作人员，必须持证上岗，并遵守消防安全操作规程。

第二十二条　生产、储存、装卸易燃易爆危险品的工厂、仓库和专用车站、码头的设置，应当符合消防技术标准。易燃易爆气体和液体的充装站、供应站、调压站，应当设置在符合消防安全要求的位置，并符合防火防爆要求。

已经设置的生产、储存、装卸易燃易爆危险品的工厂、仓库和专用车站、码头，易燃易爆气体和液体的充装站、供应站、调压站，不再符合前款规定的，地方人民政府应当组织、协调有关部门、单位限期解决，消除安全隐患。

第二十三条　生产、储存、运输、销售、使用、销毁易燃易爆危险品，必须执行消防技术标准和管理规定。

进入生产、储存易燃易爆危险品的场所，必须执行消防安全规定。禁止非法携带易燃易爆危险品进入公共场所或者乘坐公共交通工具。

储存可燃物资仓库的管理，必须执行消防技术标准和管理规定。

第二十四条　消防产品必须符合国家标准；没有国家标准的，必须符合行业标准。禁止生产、销售或者使用不合格的消防产品以及国家明令淘汰的消防产品。

依法实行强制性产品认证的消防产品，由具有法定资质的认证机构按照国家标准、行业标准的强制性要求认证合格后，方可生产、销售、使用。实行强制性产品认证的消防产品目录，由国务院产品质量监督部门会同国务院应急管理部门制定并公布。

新研制的尚未制定国家标准、行业标准的消防产品，应当按照国务院产品质量监督部门会同国务院应急管理部门规定的办法，经技术鉴定符合消防安全要求的，方可生产、销售、使用。

依照本条规定经强制性产品认证合格或者技术鉴定合格的消防产品，国务院应急管理部门应当予以公布。

第二十五条　产品质量监督部门、工商行政管理部门、消防救援机构应当按照各自职责加强对消防产品质量的监督检查。

第二十六条　建筑构件、建筑材料和室内装修、装饰材料的防火性能必须符合国家标准；没有国家标准的，必须符合行业标准。

人员密集场所室内装修、装饰，应当按照消防技术标准的要求，使用不燃、难燃材料。

第二十七条　电器产品、燃气用具的产品标准，应当符合消防安全的要求。

电器产品、燃气用具的安装、使用及其线路、管路的设计、敷设、维护保养、检测，必须符合消防技术标准和管理规定。

第二十八条　任何单位、个人不得损坏、挪用或者擅自拆除、停用消防设施、器材，不得埋压、圈占、遮挡消火栓或者占用防火间距，不得占用、堵塞、封闭疏散通道、安全出口、消防车通道。人员密集场所的门窗不得设置影响逃生和灭火救援的障碍物。

第二十九条　负责公共消防设施维护管理的单位，应当保持消防供水、消防通信、消防车通道等公共消防设施的完好有效。在修建道路以及停电、停水、截断通信线路时有可能影响消防队灭火救援的，有关单位必须事先通知当地消防救援机构。

第三十条　地方各级人民政府应当加强对农村消防工作的领导，采取措施加强公共消防设施建设，组织建立和督促落实消防安全责任制。

第三十一条　在农业收获季节、森林和草原防火期间、重大节假日期间以及火灾多发季节，地方各级人民政府应当组织开展有针对性的消防宣传教育，采取防火措施，进行消防安全检查。

第三十二条　乡镇人民政府、城市街道办事处应当指导、支持和帮助村民委员会、居民委员会开展群众性的消防工作。村民委员会、居民委员会应当确定消防安全管理人，组织制定防火安全公约，进行防火安全检查。

第三十三条　国家鼓励、引导公众聚集场所和生产、储存、运输、销售易燃易爆危险品的企业投保火灾公众责任保险；鼓励保险公司承保火灾公众责任保险。

第三十四条　消防设施维护保养检测、消防安全评估等消防技术服务机构应当符合从业条件，执业人员应当依法获得相应的资格；依照法律、行政法规、国家标准、行业标准和执业准则，接受委托提供消防技术服务，并对服务质量负责。

第三章　消防组织

第三十五条　各级人民政府应当加强消防组织建设，根据经济社会发展的需要，建立多种形式的消防组织，加强消防技术人才培养，增强火灾预防、扑救和应急救援的能力。

第三十六条　县级以上地方人民政府应当按照国家规定建立国家综合性消防救援队、专职消防队，并按照国家标准配备消防装备，承担火灾扑救工作。

乡镇人民政府应当根据当地经济发展和消防工作的需要，建立专职消防队、志愿消防队，承担火灾扑救工作。

第三十七条　国家综合性消防救援队、专职消防队按照国家规定承担重大灾害事故和其他以抢救人员生命为主的应急救援工作。

第三十八条　国家综合性消防救援队、专职消防队应当充分发挥火灾扑救和应急救援专业力量的骨干作用；按照国家规定，组织实施专业技能训练，配备并维护保养装备器材，提高火灾扑救和应急救援的能力。

第三十九条　下列单位应当建立单位专职消防队，承担本单位的火灾扑救工作：

（一）大型核设施单位、大型发电厂、民用机场、主要港口；

（二）生产、储存易燃易爆危险品的大型企业；

（三）储备可燃的重要物资的大型仓库、基地；

（四）第一项、第二项、第三项规定以外的火灾危险性较大、距离国家综合性消防救援队较远的其他大型企业；

（五）距离国家综合性消防救援队较远、被列为全国重点文物保护单位的古建筑群的管理单位。

第四十条　专职消防队的建立，应当符合国家有关规定，并报当地消防救援机构验收。

专职消防队的队员依法享受社会保险和福利待遇。

第四十一条　机关、团体、企业、事业等单位以及村民委员会、居民委员会根据需要，建立志愿消防队等多种形式的消防组织，开展群众性自防自救工作。

第四十二条　消防救援机构应当对专职消防队、志愿消防队等消防组织进行业务指导；根据扑救火灾的需要，可以调动指挥专职消防队参加火灾扑救工作。

第四章　灭火救援

第四十三条　县级以上地方人民政府应当组织有关部门针对本行政区域内的火灾特点制定应急预案，建立应急反应和处置机制，为火灾扑救和应急救援工作提供人员、装备等保障。

第四十四条　任何人发现火灾都应当立即报警。任何单位、个人都应当无偿为报警提供便利，不得阻拦报警。严禁谎报火警。

人员密集场所发生火灾，该场所的现场工作人员应当立即组织、引导在场人员疏散。

任何单位发生火灾，必须立即组织力量扑救。邻近单位应当给予支援。

消防队接到火警，必须立即赶赴火灾现场，救助遇险人员，排除险情，扑灭火灾。

第四十五条　消防救援机构统一组织和指挥火灾现场扑救，应当优先保障遇险人员的生命安全。

火灾现场总指挥根据扑救火灾的需要，有权决定下列事项：

（一）使用各种水源；

（二）截断电力、可燃气体和可燃液体的输送，限制用火用电；

（三）划定警戒区，实行局部交通管制；

（四）利用邻近建筑物和有关设施；

（五）为了抢救人员和重要物资，防止火势蔓延，拆除或者破损毗邻火灾现场的建筑物、构筑物或者设施等；

（六）调动供水、供电、供气、通信、医疗救护、交通运输、环境保护等有关单位协助灭火救援。

根据扑救火灾的紧急需要，有关地方人民政府应当组织人员、调集所需物资支援灭火。

第四十六条　国家综合性消防救援队、专职消防队参加火灾以外的其他重大灾害事故的应急救援工作，由县级以上人民政府统一领导。

第四十七条　消防车、消防艇前往执行火灾扑救或者应急救援任务，在确保安全的前提下，不受行驶速度、行驶路线、行驶方向和指挥信号的限制，其他车辆、船舶以及行人应当让行，不得穿插超越；收费公路、桥梁免收车辆通行费。交通管理指挥人员应当保证消防车、消防艇迅速通行。

赶赴火灾现场或者应急救援现场的消防人员和调集的消防装备、物资，需要铁路、水路或者航空运输的，有关单位应当优先运输。

第四十八条　消防车、消防艇以及消防器材、装备和设施，不得用于与消防和应急救援工作无关的事项。

第四十九条　国家综合性消防救援队、专职消防队扑救火灾、应急救援，不得收取任何费用。

单位专职消防队、志愿消防队参加扑救外单位火灾所损耗的燃料、灭火剂和器材、装备等，由火灾发生地的人民政府给予补偿。

第五十条　对因参加扑救火灾或者应急救援受伤、致残或者死亡的人员，按照国家有关规定给予医疗、抚恤。

第五十一条　消防救援机构有权根据需要封闭火灾现场，负责调查火灾原因，统计火灾损失。

火灾扑灭后，发生火灾的单位和相关人员应当按照消防救援机构的要求保护现场，接受事故调查，如实提供与火灾有关的情况。

消防救援机构根据火灾现场勘验、调查情况和有关的检验、鉴定意见，及时制作火灾事故认定书，作为处理火灾事故的证据。

第五章　监督检查

第五十二条　地方各级人民政府应当落实消防工作责任制，对本级人民政府有关部门履行消防安全职责的情况进行监督检查。

县级以上地方人民政府有关部门应当根据本系统的特点，有针对性地开展消防安全检查，及时督促整改火灾隐患。

第五十三条　消防救援机构应当对机关、团体、企业、事业等单位遵守消防法律、法规的情况依法进行监督检查。公安派出所可以负责日常消防监督检查、开展消防宣传教育，具体办法由国务院公安部门规定。

消防救援机构、公安派出所的工作人员进行消防监督检查，应当出示证件。

第五十四条　消防救援机构在消防监督检查中发现火灾隐患的，应当通知有关单位或者个人立即采取措施消除隐患；不及时消除隐患可能严重威胁公共安全的，消防救援机构应当依照规定对危险部位或者场所采取临时查封措施。

第五十五条　消防救援机构在消防监督检查中发现城乡消防安全布局、公共消防设施不符合消防安全要求，或者发现本地区存在影响公共安全的重大火灾隐患的，应当由应急管理部门书面报告本级人民政府。

接到报告的人民政府应当及时核实情况，组织或者责成有关部门、单位采取措施，予以整改。

第五十六条　住房和城乡建设主管部门、消防救援机构及其工作人员应当按照法定的职权和程序进行消防设计审查、消防验收、备案抽查和消防安全检查，做到公正、严格、文明、高效。

住房和城乡建设主管部门、消防救援机构及其工作人员进行消防设计审查、消防验收、备案抽查和消防安全检查等，不得收取费用，不得利用职务谋取利益；不得利用职务为用户、建设单位指定或者变相指定消防产品的品牌、销售单位或者消防技术服务机构、消防设施施工单位。

第五十七条　住房和城乡建设主管部门、消防救援机构及其工作人员执行职务，应当自觉接受社会和公民的监督。

任何单位和个人都有权对住房和城乡建设主管部门、消防救援机构及其工作人员在执法中的违法行为进行检举、控告。收到检举、控告的机关，应当按照职责及时查处。

第六章　法律责任

第五十八条　违反本法规定，有下列行为之一的，由住房和城乡建设主管部门、消防救援机构按照各自职权责令停止施工、停止使用或者停产停业，并处三万元以上三十万元以下罚款：

（一）依法应当进行消防设计审查的建设工程，未经依法审查或者审查不合格，擅自施工的；

（二）依法应当进行消防验收的建设工程，未经消防验收或者消防验收不合格，擅自投入使用的；

（三）本法第十三条规定的其他建设工程验收后经依法抽查不合格，不停止使用的；

（四）公众聚集场所未经消防救援机构许可，擅自投入使用、营业的，或者经核查发现场所使用、营业情况与承诺内容不符的。

核查发现公众聚集场所使用、营业情况与承诺内容不符，经责令限期改正，逾期不整改或者整改后仍达不到要求的，依法撤销相应许可。

建设单位未依照本法规定在验收后报住房和城乡建设主管部门备案的，由住房和城乡建设主管部门责令改正，处五千元以下罚款。

第五十九条　违反本法规定，有下列行为之一的，由住房和城乡建设主管部门责令改正或者停止施工，并处一万元以上十万元以下罚款：

（一）建设单位要求建筑设计单位或者建筑施工企业降低消防技术标准设计、施工的；

（二）建筑设计单位不按照消防技术标准强制性要求进行消防设计的；

（三）建筑施工企业不按照消防设计文件和消防技术标准施工，降低消防施工质量的；

（四）工程监理单位与建设单位或者建筑施工企业串通，弄虚作假，降低消防施工质量的。

第六十条　单位违反本法规定，有下列行为之一的，责令改正，处五千元以上五万元以下罚款：

（一）消防设施、器材或者消防安全标志的配置、设置不符合国家标准、行业标准，或者未保持完好有效的；

（二）损坏、挪用或者擅自拆除、停用消防设施、器材的；

（三）占用、堵塞、封闭疏散通道、安全出口或者有其他妨碍安全疏散行为的；

（四）埋压、圈占、遮挡消火栓或者占用防火间距的；

（五）占用、堵塞、封闭消防车通道，妨碍消防车通行的；

（六）人员密集场所在门窗上设置影响逃生和灭火救援的障碍物的；

（七）对火灾隐患经消防救援机构通知后不及时采取措施消除的。

个人有前款第二项、第三项、第四项、第五项行为之一的，处警告或者五百元以下罚款。

有本条第一款第三项、第四项、第五项、第六项行为，经责令改正拒不改正的，强制执行，所需费用由违法行为人承担。

第六十一条　生产、储存、经营易燃易爆危险品的场所与居住场所设置在同一建筑物内，或者未与居住场所保持安全距离的，责令停产停业，并处五千元以上五万元以下罚款。

生产、储存、经营其他物品的场所与居住场所设置在同一建筑物内，不符合消防技术标准的，依照前款规定处罚。

第六十二条　有下列行为之一的，依照《中华人民共和国治安管理处罚法》的规定处罚：

（一）违反有关消防技术标准和管理规定生产、储存、运输、销售、使用、销毁易燃易爆危险品的；

（二）非法携带易燃易爆危险品进入公共场所或者乘坐公共交通工

具的；

（三）谎报火警的；

（四）阻碍消防车、消防艇执行任务的；

（五）阻碍消防救援机构的工作人员依法执行职务的。

第六十三条　违反本法规定，有下列行为之一的，处警告或者五百元以下罚款；情节严重的，处五日以下拘留：

（一）违反消防安全规定进入生产、储存易燃易爆危险品场所的；

（二）违反规定使用明火作业或者在具有火灾、爆炸危险的场所吸烟、使用明火的。

第六十四条　违反本法规定，有下列行为之一，尚不构成犯罪的，处十日以上十五日以下拘留，可以并处五百元以下罚款；情节较轻的，处警告或者五百元以下罚款：

（一）指使或者强令他人违反消防安全规定，冒险作业的；

（二）过失引起火灾的；

（三）在火灾发生后阻拦报警，或者负有报告职责的人员不及时报警的；

（四）扰乱火灾现场秩序，或者拒不执行火灾现场指挥员指挥，影响灭火救援的；

（五）故意破坏或者伪造火灾现场的；

（六）擅自拆封或者使用被消防救援机构查封的场所、部位的。

第六十五条　违反本法规定，生产、销售不合格的消防产品或者国家明令淘汰的消防产品的，由产品质量监督部门或者工商行政管理部门依照《中华人民共和国产品质量法》的规定从重处罚。

人员密集场所使用不合格的消防产品或者国家明令淘汰的消防产品的，责令限期改正；逾期不改正的，处五千元以上五万元以下罚款，并对其直接负责的主管人员和其他直接责任人员处五百元以上二千元以下罚款；情节严重的，责令停产停业。

消防救援机构对于本条第二款规定的情形，除依法对使用者予以处罚外，应当将发现不合格的消防产品和国家明令淘汰的消防产品的情况通报产品质量监督部门、工商行政管理部门。产品质量监督部门、工商行政管理部门应当对生产者、销售者依法及时查处。

第六十六条　电器产品、燃气用具的安装、使用及其线路、管路的设计、敷设、维护保养、检测不符合消防技术标准和管理规定的，责令限期改正；逾期不改正的，责令停止使用，可以并处一千元以上五千元以下罚款。

第六十七条　机关、团体、企业、事业等单位违反本法第十六条、第十七条、第十八条、第二十一条第二款规定的，责令限期改正；逾期不改正的，对其直接负责的主管人员和其他直接责任人员依法给予处分或者给予警告处罚。

第六十八条　人员密集场所发生火灾，该场所的现场工作人员不履行组织、引导在场人员疏散的义务，情节严重，尚不构成犯罪的，处五日以上十日以下拘留。

第六十九条　消防设施维护保养检测、消防安全评估等消防技术服务机构，不具备从业条件从事消防技术服务活动或者出具虚假文件的，由消防救援机构责令改正，处五万元以上十万元以下罚款，并对直接负责的主管人员和其他直接责任人员处一万元以上五万元以下罚款；不按照国家标准、行业标准开展消防技术服务活动的，责令改正，处五万元以下罚款，并对直接负责的主管人员和其他直接责任人员处一万元以下罚款；有违法所得的，并处没收违法所得；给他人造成损失的，依法承担赔偿责任；情节严重的，依法责令停止执业或者吊销相应资格；造成重大损失的，由相关部门吊销营业执照，并对有关责任人员采取终身市场禁入措施。

前款规定的机构出具失实文件，给他人造成损失的，依法承担赔偿责任；造成重大损失的，由消防救援机构依法责令停止执业或者吊销相应资格，由相关部门吊销营业执照，并对有关责任人员采取终身市场禁入措施。

第七十条　本法规定的行政处罚，除应当由公安机关依照《中华人民共和国治安管理处罚法》的有关规定决定的外，由住房和城乡建设主管部门、消防救援机构按照各自职权决定。

被责令停止施工、停止使用、停产停业的，应当在整改后向做出决定的部门或者机构报告，经检查合格，方可恢复施工、使用、生产、经营。

当事人逾期不执行停产停业、停止使用、停止施工决定的，由做出决定的部门或者机构强制执行。

责令停产停业，对经济和社会生活影响较大的，由住房和城乡建设主管部门或者应急管理部门报请本级人民政府依法决定。

第七十一条　住房和城乡建设主管部门、消防救援机构的工作人员滥用职权、玩忽职守、徇私舞弊，有下列行为之一，尚不构成犯罪的，依法给予处分：

（一）对不符合消防安全要求的消防设计文件、建设工程、场所准予审查合格、消防验收合格、消防安全检查合格的；

（二）无故拖延消防设计审查、消防验收、消防安全检查，不在法定期限内履行职责的；

（三）发现火灾隐患不及时通知有关单位或者个人整改的；

（四）利用职务为用户、建设单位指定或者变相指定消防产品的品牌、销售单位或者消防技术服务机构、消防设施施工单位的；

（五）将消防车、消防艇以及消防器材、装备和设施用于与消防和应急救援无关的事项的；

（六）其他滥用职权、玩忽职守、徇私舞弊的行为。

产品质量监督、工商行政管理等其他有关行政主管部门的工作人员在消防工作中滥用职权、玩忽职守、徇私舞弊，尚不构成犯罪的，依法给予处分。

第七十二条　违反本法规定，构成犯罪的，依法追究刑事责任。

第七章　附则

第七十三条　本法下列用语的含义：

（一）消防设施，是指火灾自动报警系统、自动灭火系统、消火栓系统、防烟排烟系统以及应急广播和应急照明、安全疏散设施等。

（二）消防产品，是指专门用于火灾预防、灭火救援和火灾防护、避难、逃生的产品。

（三）公众聚集场所，是指宾馆、饭店、商场、集贸市场、客运车站候车室、客运码头候船厅、民用机场航站楼、体育场馆、会堂以及公共娱乐场所等。

（四）人员密集场所，是指公众聚集场所，医院的门诊楼、病房楼，学校的教育楼、图书馆、食堂和集体宿舍，养老院，福利院，托儿所，幼儿园，公共图书馆的阅览室，公共展览馆、博物馆的展示厅，劳动密集型企业的生产加工车间和员工集体宿舍，旅游、宗教活动场所等。

第七十四条　本法自 2009 年 5 月 1 日起施行。

附录 2

您好：

感谢您能抽出宝贵的时间，配合我的调查。本调查是针对利用微电影进行消防宣传的宣传效能、受众对这一宣传渠道的关注程度以及应当注意的问题等一系列的问题研究。所有的调查结果将用于学术论文的撰写，对于您的隐私将予以保密。

谢谢您的合作！

1. 您的性别（　　）

A. 男

B. 女

2. 您的年龄（　　）

A.20 岁以下

B.20 ～ 30 岁

C.31 ～ 40 岁

D.41 ～ 50 岁

E.50 岁以上

3. 您的学历（　　）

A. 未受过教育

B. 小学文化

C. 初中文化

D. 高中文化

E. 大专及本科文化

F. 硕士及以上文化

4. 您目前从事的职业（　　）

A. 政府公务人员

B. 企业公司人员

C. 自由职业者

D. 教育工作者

E. 学生

F. 媒体工作者

G. 农民

H. 其他

5. 您一般什么时候会了解、学习消防知识（　　）

A. 从不学习

B. 需要时学习

C. 空余时学习

D. 积极主动学习

6. 您觉得自己对消防知识了解程度如何？（　　）

A. 很熟悉

B. 基本熟悉

C. 一般了解

D. 不太熟悉

7. 您觉得消防宣传教育能提高个人消防意识吗？（　　）

A. 能

B. 不能

8. 您是通过什么媒介渠道获知这些消防安全信息的？（多选题）

A. 网络

B. 人际宣传

C. 电视

D. 报纸

E. 杂志

F. 广播

G. 其他

9. 您是否看过消防微电影（　　）

A. 看过（请按顺序作答）

B. 没看过（答题结束）

C. 不知道此类电影（答题结束）

10. 您是通过何种形式进入到消防微电影页面的？（多选题）

A 门户网站

B. 视频网站

C. 企业官网

D. 社交网站

11. 您一般什么时间观看消防微电影（　　）

A. 相对充足的休息时间

B. 短暂闲暇时（如课间、候车等）

C. 腾出专门时间

D. 无特定时间

12. 您是否喜欢通过观看消防微电影来进行消防知识的学习（　　）

A. 喜欢

B. 不喜欢

13. 您觉得通过观看消防微电影是否能有利于您学习消防知识？（　　）

A. 有利于

B. 不利于

14. 在您看过的消防微电影中，哪些特点让您印象最深刻（多选题）

A. 剧情丰富且简短

B. 方便随时随地观看（耗费流量小且利用手机等微设备能随时随地的观看）

C. 利用案例分析便于理解

D. 故事情节振奋人心，能够引起情感共鸣

E. 具有教育性可以引发学习兴趣

15. 通过利用消防微电影宣传消防知识会产生怎样的效果？（　　）

A. 能引发受众学习消防知识兴趣

B. 使受众准确理解消防安全

C. 有效帮助加深对于消防知识的印象

D. 以剧情案例作为指南提高受众的消防意识

E. 有利于平安和谐社会的构建

16. 您是否赞成利用微电影的形式进行消防宣传？（　　）

A. 赞成

B. 不赞成

17. 您觉得利用消防微电影进行消防宣传效果怎样？（　　）

A. 强

B. 较强

C. 一般

D. 记不清

18. 您认为消防微电影存在哪些不足?

A. 宣传力度不够，不能被人所熟知

B. 视频制作简单，质量不高

C. 故事结构和情节设计一般，不能吸引人眼球

D. 非专业演员阵容，“表演味儿”浓重

E. 剧情内容缺乏创意性，不能引起情感共鸣